国家出版基金项目
NATIONAL PUBLICATION FOUNDATION

地球观测与导航技术丛书

中国碳同化系统及其应用研究

陈报章　张慧芳　著

中国科学院科技先导专项"应对气候变化的碳收支认证及相关问题"之专题
　"基于GCM模式的全球同化系统研究"（XDA05040403）
国家高新技术研究发展计划（863计划）项目"基于碳卫星的遥感定量
　监测应用技术研究"（2013AA122000）之课题"多源碳观测数据融合与　　　联合资助出版
　同化技术研究"（2013AA122002）
江苏省地理信息资源开发与利用协同创新中心建设项目
江苏省老工业基地协同创新中心建设项目

科学出版社
北　京

内 容 简 介

数据同化技术是一种观测数据和模型集成的数据处理技术,是目前地球系统科学界的热点和前沿。本书从模型数据输入、参数化、数据同化理论和方法等几个方面,详细阐述大气 CO_2 同化反演系统的原理、构成和实现步骤,进而通过具体实例,详细讨论了几种同化算法、实验步骤,并分析、评价了其反演结果,最后提出目前中国碳同化系统的不足和发展方向。

本书旨在为从事大气 CO_2 数据同化研究的工作者提供入门参考和思路借鉴。同时,也适合陆面同化、全球环境变化及地球系统科学等领域的科研工作者以及高等院校师生参考。

图书在版编目(CIP)数据

中国碳同化系统及其应用研究/陈报章,张慧芳著.—北京:科学出版社,2015.11

(地球观测与导航技术丛书)
ISBN 978-7-03-046161-2

Ⅰ.①中… Ⅱ.①陈… ②张… Ⅲ.①遥感技术-应用-二氧化碳-大气监测-研究-中国 Ⅳ.①X831-39

中国版本图书馆 CIP 数据核字(2015)第 260156 号

责任编辑:杨帅英 / 责任校对:张小霞
责任印制:肖 兴 / 封面设计:王 浩

科 学 出 版 社 出版
北京东黄城根北街 16 号
邮政编码:100717
http://www.sciencep.com
中国科学院印刷厂 印刷
科学出版社发行 各地新华书店经销

*

2015 年 11 月第 一 版 开本:787×1092 1/16
2015 年 11 月第一次印刷 印张:12 1/4
字数:342 000
定价:**89.00 元**
(如有印装质量问题,我社负责调换)

《地球观测与导航技术丛书》编委会

顾问专家

徐冠华　龚惠兴　童庆禧　刘经南　王家耀
李小文　叶嘉安

主　编

李德仁

副主编

郭华东　龚健雅　周成虎　周建华

编　委（按姓氏汉语拼音排序）

鲍虎军　陈　戈　陈晓玲　程鹏飞　房建成
龚建华　顾行发　江碧涛　江　凯　景　宁
景贵飞　李传荣　李加洪　李　京　李　明
李增元　李志林　梁顺林　廖小罕　林　珲
林　鹏　刘耀林　卢乃锰　闾国年　孟　波
秦其明　单　杰　施　闯　史文中　吴一戎
徐祥德　许健民　尤　政　郁文贤　张继贤
张良培　周国清　周启鸣

《地球观测与导航技术丛书》出版说明

地球空间信息科学与生物科学和纳米技术三者被认为是当今世界上最重要、发展最快的三大领域。地球观测与导航技术是获得地球空间信息的重要手段,而与之相关的理论与技术是地球空间信息科学的基础。

随着遥感、地理信息、导航定位等空间技术的快速发展和航天、通信和信息科学的有力支撑,地球观测与导航技术相关领域的研究在国家科研中的地位不断提高。我国科技发展中长期规划将高分辨率对地观测系统与新一代卫星导航定位系统列入国家重大专项;国家有关部门高度重视这一领域的发展,国家发展和改革委员会设立产业化专项支持卫星导航产业的发展;工业和信息化部、科学技术部也启动了多个项目支持技术标准化和产业示范;国家高技术研究发展计划(863 计划)将早期的信息获取与处理技术(308、103)主题,首次设立为"地球观测与导航技术"领域。

目前,"十一五"计划正在积极向前推进,"地球观测与导航技术领域"作为 863 计划领域的第一个五年计划也将进入科研成果的收获期。在这种情况下,把地球观测与导航技术领域相关的创新成果编著成书,集中发布,以整体面貌推出,当具有重要意义。它既能展示 973 计划和 863 计划主题的丰硕成果,又能促进领域内相关成果传播和交流,并指导未来学科的发展,同时也对地球观测与导航技术领域在我国科学界中地位的提升具有重要的促进作用。

为了适应中国地球观测与导航技术领域的发展,科学出版社依托有关的知名专家支持,凭借科学出版社在学术出版界的品牌启动了《地球观测与导航技术丛书》。

丛书中每一本书的选择标准要求作者具有深厚的科学研究功底、实践经验,主持或参加 863 计划地球观测与导航技术领域的项目、973 计划相关项目以及其他国家重大相关项目,或者所著图书为其在已有科研或教学成果的基础上高水平的原创性总结,或者是相关领域国外经典专著的翻译。

我们相信,通过丛书编委会和全国地球观测与导航技术领域专家、科学出版社的通力合作,将会有一大批反映我国地球观测与导航技术领域最新研究成果和实践水平的著作面世,成为我国地球空间信息科学中的一个亮点,以推动我国地球空间信息科学的健康和快速发展!

李德仁

2009 年 10 月

序　一

全球气候变化问题是 21 世纪人类社会面临的最严峻挑战之一。自工业革命以来,人类活动引起大气 CO_2 浓度持续升高,改变了全球生态系统的碳循环过程与碳收支平衡,导致全球气候变暖,引发一系列严重的全球变化问题,给人类自身的生存和可持续发展带来巨大的威胁。面对全球变化给人类带来的巨大挑战,三大国际组织(IG-BP、IHDP、WCRP)联合提出了碳集成研究计划,旨在回答"全球碳源/汇的时空格局如何? 由何种因素导致? 决定未来碳循环动态的控制与反馈机制是什么? 未来全球碳循环的可能动态如何?"等科学问题。这一研究计划促使碳循环研究工作成为全球变化科学中的研究重点之一。

碳循环研究工作始于 20 世纪 70 年代,发展于 80 年代,在 90 年代末至 21 世纪初进入高速发展时期。随着碳循环研究的开展,碳源/汇研究方法也得到了发展。目前,有多种方法用于碳源/汇研究中,主要可分为两种:以陆地生态系统为对象的"自下而上"(bottom-up)方法和以大气为对象的"自上而下"(top-down)方法。"自下而上"法又可以分为箱式通量观测法、生态样方调查、普查资料(森林、草原、农业生态系统等)分析、涡度相关通量塔观测、土地利用和土地覆被变化监测法以及生态系统模型模拟等关注不同尺度的不同方法。碳同化系统是一种"自上而下"的碳源/汇估算方法,它利用测定的大气 CO_2 浓度,结合大气传输模型和数据同化技术,获得全球或区域碳源/汇估测值。该方法被广泛用于估测陆-气净 CO_2 交换量,已成为国家和区域尺度上碳循环研究的重要手段。

经过多年的发展,碳同化系统已得到了长足的发展。随着碳同化框架的发展,大气碳同化反演系统不再局限于只能模拟大空间范围的、粗分辨率的碳通量,而同化方法的改进则大大提高了碳同化系统的精度和效率。目前的碳同化系统能够高效地模拟出格网尺度和周步长的全球碳源/汇时空分布。新的观测手段(碳卫星遥感技术)的出现,则改变了碳同化系统只能利用"有限的站点观测数据去估测全球碳通量"的缺陷,使其成为当前国际上流行的陆地生态系统碳源/汇估测工具之一。

在碳同化系统快速发展过程中,我们迫切需要相关书籍介绍最新的研究状况。中国科学院地理科学与资源研究所的陈报章研究员在这种形势下,接受科学出版社约稿,与张慧芳博士等合作,开展了《中国碳同化系统及其应用研究》一书的编撰工作。

该书从碳同化系统的原理、框架构成、数据同化方法、参数率定方案、结果验证、不确定性分析及应用实例分析等方面，系统地讨论了全球碳同化系统的构建及其应用等相关内容，并指出目前全球碳同化系统存在的不足和未来发展方向。该书还通过全球碳同化系统在中国陆地生态系统的应用案例，讨论了过去 2000～2010 年中国陆地生态系统碳源/汇的时空演变过程、特征及其归因。最后以 GOSAT 碳卫星为例，介绍了基于碳卫星-地基多源观测数据的联合碳同化系统及其在中国区域的应用。经过科学出版社严格地筛选，该书被纳入该社的《地球观测与导航技术丛书》。该书是在国家高新技术研究发展计划（863 计划）"基于碳卫星的遥感定量监测应用技术研究"项目之课题"多源碳观测数据融合与同化技术研究"（2013AA122002）、中国科学院科技先导专项"应对气候变化的碳收支认证及相关问题"之专题"基于 GCM 模式的全球同化系统研究"（XDA05040403）和国家自然科学基金项目（41071059，41271116）的资助下获得的高水平原创性成果的总结。相信该书的面世，将成为我国碳循环研究中的一个亮点并将大大推动全球地基-卫星联合碳同化系统的发展及其在我国的应用。

该书作者陈报章研究员自 2009 年 6 月入选中国科学院海外杰出人才类"百人计划"回到中国科学院地理科学与资源研究所工作开始，积极组建、培养中国数据-模型同化研究团队，经过 5 年的艰苦努力，研发出我国首个高时空分辨率碳同化反演系统——中科院碳追踪同化系统（中国碳追踪器）。该书是对这一成果的总结。相信该书对于从事大气 CO_2 数据同化研究的工作者是一部难得的参考书和工具书。同时，该书也适合陆面过程模型同化、全球环境变化及地球系统科学等领域的科研工作者以及高等院校师生参考、学习。该书的出版将促进大气、数学、遥感、气候、生态、计算机等学科的交叉与融合，推动全球变化科学的发展。

中国科学院院士　周成虎

2015 年 8 月

序　二

　　数据同化技术已发展了几十年。从如何解决只能使用很少计算资源来完成快速行驶火箭的导航任务这一貌似简单的挑战开始，数据同化技术发展至今，其魅力已在许多学科中得到了显现。之所以水文和气象学科研究人员成为数据同化技术的开拓者和较早的使用者，这可能是因为利用不断增加的观测数据来优化变量分析和预测过程的同化概念与水文和气象学的系统理念十分吻合。那些与气象和水文密切相关的"新"学科也很快开始了应用数据同化技术且体会到该技术的强大功能。今天，致力于研究大气与陆地或海洋表面之间水分、能量、气体或物质交互的学者也纷纷体会到或看到数据同化技术给他们的研究所带来的好处。当然大气碳循环研究领域也不例外，在过去十余年，该领域以某种方式依赖数据同化技术所开展的研究实例的数量在迅速扩大。

　　大气碳循环研究的一个重要分支就是利用数据同化技术、CO_2浓度观测记录，测算陆表碳通量及其变化。陆表碳通量不仅是随随时间变化的，而且其空间分布格局具有复杂的空间变异性。对陆表碳通量幅度和时空变化格局的了解，将有利于洞察正在进行和未来即将发生的大气与陆表之间的碳交换规律。因此，碳循环同化研究领域的主要兴趣点在于如何利用数据同化技术对碳循环的状态做回顾性诊断分析，而不是做预测预报，这正是碳循环数据同化领域区别于许多其他数据同化领域的关键之处。

　　同其他学科一样，在发展初期阶段，大气碳同化研究领域中一些术语的意义尚未完全统一起来。例如，一个流行的术语"数据-模型融合"，其语义涵盖了融合系统中的所有相关的算法。在碳同化系统中，CO_2浓度观测数据不仅用来初始化模型，而且作为动态变量或参数被应用到模型的运行和求解过程中；另一个术语"反演"，通常指贝叶斯最小平方框架中的格林函数方法，CO_2通量是作为大气边界条件被估算求解的，因此求解过程并不涉及时间步进算法。"数据同化"这个词类似"反演"，用以解决贝叶斯最小二乘边界条件问题，但不同于反演系统，"数据同化"系统是随时间而步进（变分、过滤器或平滑技术）的。

　　数据同化技术在 20 世纪 80 年代末期至 90 年代初期被引入碳循环领域。人们最早利用这种同化技术对碳循环进行"大气传输反演"研究。在反演研究中，大气传输模型被用来建立地球表面 CO_2 通量与观测的大气 CO_2 浓度（或更准确称之为大气 CO_2

摩尔数比率)之间的线性关系。而受 CO_2 观测网络密度的限制,数据同化系统只能对有限数量未知区的碳汇量进行优化,因而早期所开展的研究主要集中在反演北半球区域年均碳汇总量及其空间分布。由于在发展初期,不同的模型所估算的碳汇强度存在较大的变化范围(即存在较大的不确定性),因此很快触发并进一步推进了国际模式比较项目的发展,如 TRANSCOM,这有助于培养一个非常开放且协同创新的科学共同体。

进入 21 世纪后, CO_2 观测网络快速扩展,碳循环数据同化方法也到了迅速发展。与其他数据同化领域一样,随着伴随矩阵变分最小化方案的编程实现,首个卡尔曼平滑系统被引入了碳同化反演研究领域。这样, CO_2 浓度观测值和状态变量间的同化处理计算过程可以在一个普通的 PC 机上完成,可见反演所需的计算资源等问题没有真正成为其发展应用的障碍。同时,不同于传统的碳反演法,该系统采用全协方差矩阵来评估所反演的多年碳汇值的不确定性。这种方法是在为即将召开的国际 CO_2 会议而做准备的紧迫时间下完成的,而且我认识到这种不确定性估测方法能更有效地捕捉到集成方法的误差,至此,我们已经建立并测试了首个基于集合卡尔曼平滑算法的 CO_2 同化系统,该系统采用当时流行的方法,即通过先验传输矩阵对状态变量进行取样,能够估算出时间分辨率不超过 10 天时间的陆地碳汇值。

这个碳同化系统被命名为"碳追踪器(CarbonTracker)",其构建于 2004 年,于 2005 年在美国召开的第六届国际 CO_2 会议上首次发表。该系统及其反演结果随后公布于以提供开放数据共享而著名的具有悠久历史的美国国家海洋和大气管理局(NOAA)下属的地球系统研究实验室(ESRL)网站上。其结果很快变成了向社会开放的一套碳通量产品,人们只要简单点击 NOAA-ESRL 网站的"碳追踪器"网页就能方便地下载该产品。"碳追踪器"产品早期的成功及下载者对它的积极反应触发了我们对这个开放数据产品的承诺,即提供这些产品的年度更新。此外,我们决定对"碳追踪器"基础源代码开放。令我们惊奇的是,源代码的下载有时会超过任何其他产品。在很短的时间内,来自世界各地的诸如技术支持、更详细文档和合作的要求络绎不绝。

世界上有几个研究团队较早开始使用"碳追踪器"系统,并且根据所关注(重点研究)的地理区域的不同对该系统进行重命名,例如,欧洲碳追踪器(CarbonTracker-Europe)、巴西碳追踪器(CarbonTracker-Brazil)、亚洲碳追踪器-亚洲(CarbonTracker-Asia)和北极圈碳追踪器(CarbonTracker-Arctic)。大气传输模型 TM5 是"碳追踪器"系统的一个至关重要的组成部分。这些不同关注区域的"碳追踪器"系统,除了增加来自所重点关注的研究区额外的观测数据集外,还时常切换"碳追踪器"系统中大气传输模型 TM5 的重点嵌套区,以实现对所关注的不同重点研究区域的高空间分辨率的碳源/汇估算。而且,因为这些合作者在 CarbonTracker 系统中引入了来自他们所关注区域的、通常尚未公开使用的、新的观测资料使碳同化结果更加准确。这也是我们向国际同行传递一个重要信息：数据同化系统严重地依赖于精心收集的、经过严格质量控制的共享观测资料。CarbonTracker 研发团队十分支持本地的实验研究，并鼓励合作者把这些实验加入到"碳追踪器"研究中，允许合作发表学术论文，且始终承认他们的贡献。

随着"碳追踪器"数据和代码向公众的开放，人们用批判眼光对它的一些基本假设和代码进行了讨论和分析。处于初始发展阶段的"碳追踪器"存在弱点，例如由于对净生态系统碳交换量（NEE）的估算采用了简单的线性比例系数的假设，因此有时会把应为碳汇的净生态系统碳交换量翻转为碳源。这一弱点又被渴望对"碳追踪器"作出贡献的学员们突然放大。这也导致"碳追踪器"系统的重大改革和新的"碳追踪器的数据同化系统（CTDAS）"问世。CTDAS 是用读取简单、可扩展性强的 Python 来实现的。它的易用性允许使用者配置不同的本地化模式对系统进行新的评估、测试，并在不同的（超级）计算平台上进行并行化。对我本人而言，这些努力，以及许多讨论使"碳追踪器"项目更加丰富、有趣。看到新一代碳循环数据同化专家使用和发展这个系统，这是多么令人满足和高兴的一件事啊！

这本书展示了我领导的荷兰瓦格宁根大学团队与中国科学院陈报章研究员领导的团队共同努力所取得的成果。这两个团队精诚合作、历经五年的共同努力，我们共同建立了"中国碳追踪器（CarbonTracker-China）"。我们的合作是富有成效的，发表了一批经同行评审的学术论文，在模型比较和碳循环综合分析方面取得了很好的成果，促进了碳循环同化反演研究的发展。我向将要从事碳同化研究的博士和博士后们高度推荐这本书。这本书会带着你跟随作者的脚步去体会他们快速学习碳同化系统的历程。更重要的是，我希望新学员能够通过这部书的阅读和学习，成长为数据同化方面的专家，希望有一天你们能找到适合你们自己的发展之路并加入到我们这个不断成长的"碳追踪器"的大家庭中来。

荷兰瓦格宁根大学气象学系

沃特·彼得斯教授　撰写于 2015 年 6 月

本书著者中国科学院地理科学与资源研究所陈报章研究员翻译

附：荷兰瓦格宁根大学气象系 Wouter Peters 教授为本书作序二的原文

The field of data assimilation is by now several decades old. Starting from the 'simple' challenge of navigating fast traveling rockets with a minimal amount of computing capacity, the elegance of data assimilation methods have been rediscovered in many disciplines since. Hydrology and meteorology researchers were among the early adopters, possibly because the concept of consecutive analyses and forecasts that refine with increasing observational constraints fits well to their systems. It is not surprising that 'new' disciplines that were closely related to meteorology and hydrology were keen to harness the power of data assimilation techniques as well. Nowadays, any researcher studying the exchange of water, energy, gases, or matter between the atmosphere and land- or ocean surfaces has likely used, or seen the use of, such methods in their field. The realm of atmospheric carbon cycle research is no exception to that, and the number of studies that rely in some way on data assimilation has expanded rapidly in the past decade.

The main interest in this particular branch of data assimilation is to find carbon dioxide surface fluxes that agree with the atmospheric carbon dioxide records of the past decades. These surface fluxes are time-varying and have detailed spatial patterns, and knowing their magnitude and variations could lead to new insights on ongoing and future changes of carbon dioxide exchange between the atmosphere and surface. We are therefore primarily interested in the retrospective analysis of the state of the carbon cycle, and not so much in its forecast, which sets this field aside from many other fields of data assimilation.

As in all scientific fields, different words have attained different meaning in a short amount of time in the field of atmospheric carbon cycle research. The popular term "model-data fusion" encompasses any methodology where carbon dioxide observations are used to inform on a model initial state, dynamic variable, or parameter. "Inversion" usually refers to a Green's function approach in a Bayesian minimum-least squares framework where carbon dioxide fluxes are estimated as boundary conditions for the atmosphere, and no time-stepping is employed. The word "data assimilation" is often reserved for systems that solve the same Bayesian least-squares boundary condition problem, but a time-stepping algorithm (variational, filter, or smoother techniques) is used.

Some of the earliest adoptions of these techniques were the "atmospheric transport inversions" that entered the field in the late 1980's and early 1990's. Atmospheric transport models were used to establish the linear relationship between carbon dioxide exchange at the Earth's surface and the observed mixing ratios, or more properly mole fractions, of carbon dioxide in the atmosphere. The density of the observing network for CO_2 only allowed a limited number of unknowns to be optimized, and the interest of the analysis was mostly to estimate the location and magnitude of the annual mean northern hemispheric carbon sink. The initial wide range of estimates quickly gave rise to model inter comparison programs such as TRANSCOM, which helped to foster a very open and collaborative science community.

The expansion of the observing network for CO_2 since the early 2000's caused a diversification of methods. Like in any data assimilation field, adjoint codes made their entry allowing variational minimizations, and shortly afterwards the first Kalman smoother systems were introduced. The size of the inverse problems did not necessitate this really, as observation and statevector sizes still could be handled on a simple PC. Rather, it was the need for full covariance matrices to assess multiyear uncertainties that made this problem outgrow the traditional method. The realization that this uncertainty was much more efficiently captured in an ensemble approach came to me under time pressure to complete a large flux estimate before an upcoming meeting. The first ensemble Kalman smoother for CO_2 was built, tested, and presented in a time span of no more than 10 days, and actually still used the precalculated transport matrices that were so popular at that time to sample the statevector.

This ensemble system was originally developed in late 2004 and its first results were presented at the 6th International Carbon Dioxide Conference in the USA in 2005. Coming from the NOAA Earth System Research Laboratory with its long history of open data-sharing, its results were quickly turned into products available to the community through a simple website under the name "CarbonTracker". The early success and positive responses to this open data policy triggered our promise to provide yearly updates of these products. Moreover, we decided to give full access to its underlying source code. To our surprise, the downloads of the source code sometimes exceeded any other product available. And within a short amount of time, requests started to come in from around the world for technical support, more detailed documentation, and collaboration.

The CarbonTracker system made its way to several other groups and named after their geographical focus such as Europe, Brazil, Asia, and the Arctic. In addition to assimilating extra datasets from these areas, these systems often switched the nested-grid definition of the underlying TM5 atmospheric transport model, a vital component of CarbonTracker. Moreover, these groups introduced new observations often not yet available in the public domain, giving new excitement to their studies. This was a great chance for us to spread an important message to the community: data assimilation relies critically on carefully collected, quality controlled, and collaboratively shared observations. Support your local experimentalists, involve them in your studies, offer co-authorships, and always acknowledge their contribution. I am happy to see many groups take this to heart.

With the proliferation of the CarbonTracker system to other groups, fresh eyes critically looked at some of its underlying assumptions and code. Weaknesses in the system present since its inception, such as for instance the linear scalar multipliers that can flip the sign of NEE when they go negative, were suddenly magnified by students eager to contribute. This led to a major overhaul of the system and the new "CarbonTracker Data Assimilation System (CTDAS)" was born. It was based on simple to read and expandable source code in python. Its ease-of-use allowed different localization schemes to be assessed, new statistical tests written, and parallelization on different (super)computing platforms. These efforts, and the many discussions that ensued from them, have made the CarbonTracker program richer and much more fun for me. It is immensely satisfying to see a new generation of carbon cycle data assimilation specialists adopt the system.

This book describes the joint efforts we had with the Chinese Academy of Sciences group of Prof Baozhang Chen over the past five years. Together, we built "CarbonTracker China". This collaboration was particularly fruitful and led to a number of well-read and peer-reviewed publications, a PhD defense, and numerous contributions to model inter comparisons and carbon cycle syntheses. For the starting PhDs and PostDocs in the field, this book is highly recommended. Following in the footsteps of its authors and seeing their rapid learning curve is educational. But most of all, I hope that new students will be inspired to become data assimilation specialists too, and perhaps one day find their way to the growing CarbonTracker family.

Prof. Dr. Wouter Peters

Air Quality
Environmental Sciences Group
Dept. of Meteorology
Wageningen University
&
Centre for Isotope Research
Energy and Sustainability Research Institute Groningen
Groningen University, The Netherlands

前　言

　　人类活动引起的大气 CO_2 浓度升高所导致的全球气候变化,给人类自身的生存和发展带来了巨大威胁。在气候与环境问题日益突出的今天,作为全球碳循环重要环节的陆地生态系统碳源/汇,其分布格局、动态变化规律及驱动机制等方面的研究日益受到关注,多种不同的方法被开发出来用于陆地生态系统碳源/汇的估算研究。然而,陆地生态系统的复杂多样性、观测数据时空尺度和精度上的差异性,导致陆地生态系统碳源/汇估算结果存在着极大的不确定性。不同研究者估算出的全球陆地生态系统碳汇总量差异很大,变化范围为 $0.5\sim2.0$ PgC/a,且估算的年际变化趋势也存在很大的差异。降低碳源/汇估算结果的不确定性,加强陆地生态系统碳源/汇估算方法的优化研究,提高陆地生态系统碳汇的估算精度,加强在不同尺度上,尤其是存在最大不确定性的区域尺度上,碳源/汇收支认证,已成为全球变化研究的热点之一。

　　现有的多种陆地生态系统碳源/汇估算方法,可归纳为以陆地为对象的“自下而上”(bottom-up)法和以大气为对象的“自上而下”(top-down)法两类。碳同化系统反演方法属于后者。

　　碳同化系统的两个重要组成部分是 CO_2 浓度观测数据和数据同化技术。近十几年来全球站点观测数据迅速积累(如地基观测网站 NOAA-ESRL,WDCGG)。同时, CO_2 遥感科学技术也在日新月异地快速发展。日本和美国相继成功发射了如 GOSAT 和 OCO-2 高精度 CO_2 探测卫星,可以提供全球覆盖范围、实时的大气 CO_2 柱浓度监测数据。另外,随着计算机科学和数值方法的发展,数据同化技术也得到了快速发展。随着碳同化技术的日臻完善,碳同化系统得到了进一步的优化。目前大气 CO_2 同化反演方法已经成为全球和区域尺度碳源/汇估算的最重要的方法。

　　本书面向全球碳同化系统及其应用研究的发展前沿,系统地总结了作者所领导的课题组近年来在全球大气 CO_2 同化反演系统发展及其应用方面的研究成果,对全球大气 CO_2 同化反演系统的优化方法、代表性应用研究进行了较为系统的总结和介绍。全书注重原理、方法和实践的有机结合。本书涉及很多方面的内容,包括同化算法的选择、同化框架的设计、观测数据的筛选与误差处理、先验通量的估算等。要用很短的篇幅介绍碳同化系统的全貌是比较困难的,国内外也较少见此类书籍。因此,本书的编写力图在前人工作的基础上,全面介绍碳同化系统的发展历程、数据同化方法、大气 CO_2 同化技术以及几种著名的同化系统和其应用研究,最后展望了未来大气 CO_2 同化系统的发展方向。

　　本书的章节安排如下：第1章绪论，概述全球变化研究与碳循环研究，以及CO_2同化系统的发展历程；第2章主要介绍常见的数据同化方法，包括变分方法、卡尔曼滤波算法、粒子滤波算法等；第3章介绍大气CO_2同化系统中的关键技术，包括系统框架、同化方案、关键参数设定与误差分析；第4章重点介绍碳同化系统CarbonTracker及其前身Transcom同化系统的技术细节；第5章主要介绍大气CO_2同化系统在中国区域的应用，包括模型的参数设定、数据准备以及不确定性分析，同时也对该系统所估算的2001～2010年中国陆地生态系统碳源/汇时空分布特征及其驱动机制进行了讨论；第6章详细介绍了中国地基-卫星联合同化系统，包括GOSAT碳卫星CO_2柱数据的评价、联合同化算法及案例研究等；第7章回顾全书内容，指出现有研究的不足，前瞻了碳同化系统未来的研究方向。

　　全书由陈报章确定编写大纲。中国科学院中国碳同化系统（CarbonTracker-China）研发团队的一线骨干研究人员和部分研究生参与了部分章节的撰写，包括张慧芳、许光、徐博轩、孙少波和林晓凤。全书由陈报章和张慧芳统稿。

　　本书的研究得到中国科学院科技先导专项"应对气候变化的碳收支认证及相关问题"之专题"基于GCM模式的全球同化系统研究"（XDA05040403）、国家高新技术研究发展计划(863计划)课题"多源碳观测数据融合与同化技术研究"（2013AA122002）、国家自然科学基金项目"中国涡度相关通量塔空间代表性评估与碳源汇尺度扩展研究"（41271116）和"景观和区域尺度陆地生态系统碳水耦合循环机理过程与固碳能力研究"（41071059）、中国科学院"百人计划"项目"景观和区域尺度CO_2源汇分布以及陆地生态系统碳氮循环耦合过程对气候变化的响应研究"（O9W90020ZZ）和国家全球变化研究专项之子课题"基于高塔CO_2浓度数据和遥感-模型同化的区域碳源汇研究"（2010CB950900）、中国科学院地理科学与资源研究所"一三五"战略科技计划项目（2012ZD010）和资源与环境信息系统国家重点实验室自主部署创新研究计划资助项目（O88RA900KA）、江苏省地理信息资源开发与利用协同创新中心建设项目和江苏省老工业基地协同创新中心建设项目以及国家全球变化研究专项之子课题"基于高塔CO_2浓度数据和遥感-模型同化的区域碳源汇研究"（2010CB950900）等的支持。在项目实施和专著写作过程中，得到中国科学院大气物理研究所吕达仁院士，中国科学院地理科学与资源研究所孙九林院士、周成虎院士、刘纪远研究员、葛全胜研究员、于贵瑞研究员、陆锋研究员、邵全琴研究员、岳天祥研究员、欧阳竹研究员、李发东研究员、王绍强研究员、姚一鸣高级工程师，中国科学院遥感与数字地球研究所施建成研究员，中国科学院大气物理研究所刘毅研究员、张美根研究员、田向军研究员，南京大学陈镜明教授、居为民教授、王体健教授、丁爱军教授、江飞副教授、王恒茂副教授，中国矿业大学汪云甲教授、张海荣副教授，北京师范大学戴永久教授、刘绍民教授，中国科学院寒区旱区环境与工程研究所李新研究员的指导与帮助，在此对各位同事表示衷心的感谢。

　　在相关课题的实施过程中，作者与国际大气同化反演模型和碳循环领域的知名学者包括荷兰瓦格宁根大学气象系 Wouter Peters 教授、法国原子能与可替代能源委员会、法国环境与气候科学实验室(LSCE)Philippe Ciais 教授、美国国家海洋和大气管理局地球系统研究实验室 Pieter Tans 教授、加拿大英属哥伦比亚大学 T. Andrew Black 教授、Nicholas C Coops 教授、Andreas Christen 副教授开展了相关的合作研究和学术交流,本研究也得到了他们的支持。特别需要指出的是,本书的部分成果也受益于中荷双边科学合作项目(scientific cooperation between China and the Netherlands)"Closing the carbon budget of the northern Hemisphere:CarbonTracker -China",在此对参与该项目的荷兰瓦格宁根大学 Ivar van der Velde 博士、Wouter Peters 教授研究团队成员表示衷心感谢。

　　本书部分成果已在国内外刊物发表。在本书撰写过程中,参考了国内外大量研究论文、优秀著作和相关网站资料,在此表示衷心感谢。虽然作者试图在参考文献中全部列出并在文中表明出处,但难免仍有疏漏之处,在此诚挚地希望得到同行专家的谅解与支持。

　　在编写此书时,力求做到深入浅出,通俗易懂,并尽量做到图文并茂。希望本书的出版能为从事相关领域的科研、教学和业务人员带来帮助。由于作者水平有限,编写时间匆忙,书中不足与不妥之处在所难免,在专著行将出版之时,著者诚惶诚恐,唯期待读者批评指正。关于本书内容的任何批评、意见和建议,请发至电子邮箱:baozhang. chen@igsnrr. ac. cn。

陈报章

2015 年 8 月

目　录

第1章 绪 论

1.1 全球变化与碳循环系统

地球系统是一个由物理、化学、生物和人类要素共同组成的、单一自组织行为系统,系统中的各个要素之间存在着复杂的相互作用和反馈机制。作为地球系统中最重要的组成要素之一,人类的活动明显地影响着地球环境。特别是工业化革命以来,人类对地表环境的影响超过了历史上的任何时期,导致以气候变暖为标志的全球变化现象,并严重地威胁着人类赖以生存的环境以及社会经济的可持续发展。在当前人类面临的全球变化的诸多问题中,全球变暖是对人类生存影响最大、范围最广的全球变化问题。全球变暖的实质是由人类活动排放的温室气体引起的自然碳循环系统失调,加剧了温室效应,导致全球气温上升。本节讨论以全球变暖为主的全球变化和地球系统碳循环机制以及对人类的影响。

1.1.1 全球变化

"全球变化"(global change)一词最早出现于 20 世纪 70 年代,最初为人类学家所用。80 年代,自然科学家借用并拓展了"全球变化"的概念,将原先的定义延伸到全球环境,即将地球的大气圈、水圈、生物圈和岩石圈的变化纳入"全球变化"的范畴,强调地球环境系统及其变化,即表征这一系统中关于人类生存的要素出现异常化的情况,主要包括全球变暖、臭氧层耗损和热带森林砍伐 3 个方面。当前全球变化主要是指由自然和人文因素引起的地球系统功能性的全球尺度的变化,包括大气与海洋环流、水循环、生物地球化学循环以及资源、土地利用、城市化和经济发展等的变化(徐冠华等,2013)。人类活动大量排放 CO_2 导致的全球变暖是当今对人类生存影响最大、范围最广的全球变化问题,也是本书讨论的重点。

1. 全球变暖的证据

当前关于全球变暖,无论是科学界还是国际社会,已达成广泛共识,如政府间气候变化专门委员会(IPCC)在 2007 年发布的第四次报告中所述:"气候系统变暖是毋庸置疑的,目前从全球平均气温和海洋温度升高,大范围积雪和冰融化,全球平均海平面上升的观测中可以看出,气候系统变暖是显而易见的"(IPCC,2007)。这一结论是在大量研究的基础之上给出的,主要包括以下几个方面的研究结果。

1) 大气 CO_2 浓度观测

在夏威夷 Mauna Loa 火山顶 1958～2008 年的观测大气 CO_2 浓度得到的 Keeling 曲线(图 1-1)显示,除了季节波动,1958 年以来大气中 CO_2 浓度显著上升,由 1958 年平均浓度约为 315 ppm[①]上升到 2008 年的 386 ppm。CO_2 平均浓度,50 年间增长了 71 ppm,年平均增长速率达到 14 ppm。进一步分析可发现,CO_2 浓度增加速率从 20 世纪 60 年代早期的 0.7 ppm/a 上升到进入 21 世纪第一个 10 年的 1.9 ppm/a。IPCC5 也给出了相似的结论:1750～2011 年大气 CO_2 浓度从 278 ppm 增长到 390.5 ppm,增长了约 40%(IPCC,2014)。研究者们认为这主要是人类生产生活中煤、石油和天然气等化石燃料的燃烧导致的。

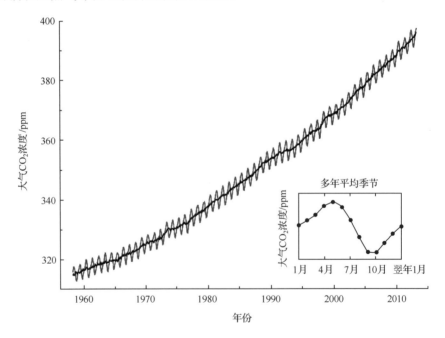

图 1-1　Keeling 曲线:Mauna Loa 火山顶大气 CO_2 浓度观测(Keeling,1960)

---

① 　1 ppm＝10^{-6}。

2) 冰芯 CO_2 数据

研究者对南极洲多个地点采集的冰芯中的 CO_2 数据和平滑后的 Keeling 曲线对比显示,冰芯数据与 1958 年开始的 Keeling 大气 CO_2 观测数据之间非常吻合 (Houghton J T,1996)。所有冰芯采集数据分析结果均显示,人类活动导致大气 CO_2 含量急剧上升,从工业革命之前的 280 ppm 上升到 20 世纪末的 380 ppm。此外,Vostok 冰芯提供的过去 42 万年以来的温度、微量气体浓度和气溶胶水平的记录表明大气 CO_2 和 CH_4 浓度变化与地表温度变化趋势是一致的(Petit et al.,1999)。

3) 地表温度观测与冰冻圈变化

根据全球众多监测站点的观测数据,科学家给出的过去一个多世纪以来全球地表温度变化结果表明:全球平均地表温度从 1900 年之前低于平均值 0.3℃ 水平上升到现在高于平均值 0.5℃ 的水平。即 20 世纪全球气温整体水平上升了约 0.8℃,这一上升值与大气中 CO_2 浓度增加 40% 所带来的预估增温值大体一致(IPCC,2007)。

冰冻圈变化对全球气候变化非常敏感。研究冰冻圈变化指示气候变化是全球变化研究中非常重要的方面。与全球地表升温对应,过去 30 年间由卫星观测到的北冰洋海冰面积显著减少,如 NASA 卫星观测数据显示,与 1979 年相比,2005 年海冰面积由 780 万 km^2 减少到了 530 万 km^2(NASA,2013)。预估随着全球变暖持续,大面积冰雪消融现象仍将持续。

2. 全球变暖带来的影响

人类活动导致大气中 CO_2 及其他温室气体(CH_4、N_2O 等)浓度的增加而引起的全球变暖是当前人类面临的最严峻的全球变化问题。大量观测数据和模式模拟均表明,过去的 100 多年里,全球平均气温显著上升,温室效应持续扩大。例如,IPCC 报告(IPCC,2007;2014)指出,1880~2012 年全球平均温度升高 0.65~1.06℃,而过去的 30 年里,每 10 年的地表温度上升幅度高于 1850 年以来的任何时期;北半球 1983~2012 年可能是最近 1400 年以来气温最高的 30 年;海洋变暖导致海洋上层 0~700 m 升温明显,而 1971~2010 年海洋吸收热量占地球气候系统热能储量达到 90% 以上。预估,到 21 世纪末全球地表温度变化相对于 1850~1900 年超过 1.5℃,2016~2035 年平均气温相对 1986~2005 年增幅为 0.3~0.7℃。如果大气中温室气体含量得不到有效控制,将会对人类生存发展环境造成灾难性后果,如全球气温每升高 1.5～2.5℃,地球 20%～30%的现有生物物种将会面临灭绝危险,而气温上升 2～3℃,格陵兰冰盖将大量消失,陆地冰川快速退缩以及冻土消融加速,造成海平面快速上升和全球 30%的海岸带被淹没,热浪、干旱和强降水等极端气候事件发生的强度和频率增加。同时,随着大气中温室气体含量的升高,人类社会系统也受到重大影响如环境风险加剧、水资源短缺、粮食减产、健康和疾病的危险等(IPCC,2007)。

3. 全球变暖应对策略

自 20 世纪 80 年代以来,伴随着国际地圈生物圈计划(IGBP)、世界气候研究计划(WCRP)、国际全球变化人文因素研究计划(IHDP)以及政府间气候变化专门委员会(IPCC)评估报告等全球变化研究计划的组织与实施,全球变化引起了越来越多科学家重视和普通大众的关注。为应对全球变暖带来的一系列环境灾难,国际社会和许多国家均做了大量工作:1997 年 12 月在日本京都召开的第三次《联合国气候变化框架公约》(COP3)会议通过的《气候变化框架公约:京都议定书》(*Kyoto Protocol*)规定了发达国家和发展中国家在 2008～2012 年承诺期内的温室气体减排目标;2009 年 12 月召开的 COP15 会议通过的《哥本哈根协议》就温室气体减排的全球长期目标、资金和技术支持、透明度等焦点问题达成广泛共识;2010 年通过的《坎昆协议》确定了"2℃阈值"原则(到 21 世纪末全球地表温度不超过工业化前 2℃)。2012 年召开的《多哈气候大会》和 2013 年召开的《华沙气候大会》就有关气候变化造成损失损害补偿机制等方面达成了多项决议。我国对全球变化问题高度重视,从 2002 年 9 月中国政府正式宣布核准了《京都议定书》,到 2007 年发布《应对气候变化国家方案》,我国在应对全球变化挑战方面在世界范围内做出了积极的成绩。

在应对全球气候变化问题上,尽管世界各国都做出了巨大努力,但已签署的协议和宣言的实施状况仍不乐观。《京都议定书》确定的截至 2012 年承诺期的减排目标未达预期。在应对全球变化挑战上,世界各国和科研界仍然需要做大量努力和工作。

1.1.2 碳循环系统

关于全球变暖问题,当前国际社会、科学家广泛认为:全球变暖的实质是人类活动排放的温室气体导致自然碳循环系统失调,加剧了温室效应,进而导致气温上升。大量研究也表明,在人类活动排放的温室气体中 CO_2 对全球气温上升贡献最大,达到 70%(丁一汇和耿全震,1998),因而认识全球碳循环过程和机制是应对气候变化问题的关键所在。

自然界中碳元素以各种形态存在于大气圈、水圈、生物圈和岩石圈中,并在各个圈层之间相互转换和运移。全球碳循环系统是指地球系统各碳库之间发生的碳通量交换过程。这些过程概括由大气到植物,由植物到动物、矿物燃料,最后返回大气的循环过程。如图 1-2 所示循环过程中,绿色植物和藻类通过光合作用吸收大气和水中的 CO_2 形成(或生成)植物生长所需要的碳水化合物,除自身新陈代谢所需部分外,其余碳水化合物以脂肪和多糖的形式储藏;自然界中消费者(如动物等)生命过程中将植物 CO_2 转化为其他形态,主要包括将 CO_2 作为代谢产物排出体外、将生物体及其残余物等物质分解,释放 CO_2;除此之外,一部分生物体也会在适当的外界条

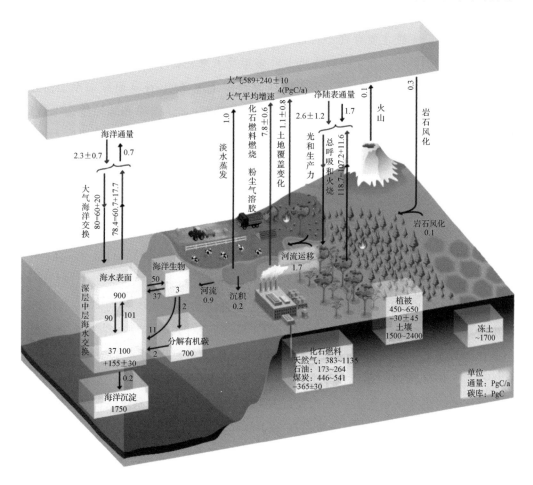

图 1-2 地球系统碳循环框架(IPCC,2014)

件下形成石灰石和珊瑚礁等物质而将碳固定下来,人类活动过程中化石燃料的燃烧又会向大气中排放 CO_2。简而言之,地球系统碳循环过程包括:大气碳循环过程、海洋碳循环过程和陆地生态系统碳循环过程,并通过海-气 CO_2 通量和陆-气 CO_2 通量联系在一起。本节主要分全球碳库和全球碳循环两个部分简介地球系统碳循环机制和过程。

1. 全球碳库

碳循环过程中,每个地球系统组分中存储的碳称为碳库。如图 1-2 中数字代表全球碳库中主要碳库碳储量(单位:Pg C,1 Pg C＝10^{15} gC＝1 Gt C(10 亿吨碳),1 Pg C 对应 3.667 Gt CO_2)和不同碳库之间碳通量交换(单位:Pg C/a)。严格地分类,地球系统中的碳库主要包括大气碳库、海洋碳库、陆地生态系统碳库和岩石圈碳库四大部分。岩石圈中碳主要存在于岩石圈中,其循环周期长达数百万年。由于在全球变化研究中主要关注工业革命以来近 200 多年及未来几百年地球系统碳变化情况,因而一般认为在数百年的尺度上岩石圈碳库是固定不变的,在本研究中不予讲述。普遍意义上,地球系统碳循环过程主要是指大气碳库、海洋碳库和陆地生态系统碳库三部分的碳循环过程,且为方便起见,通常又将陆地碳库分为生物圈碳库和土壤碳库(陈泮勤等,2004)。

1) 大气碳库

大气中的碳主要以 CO_2、CH_4 和 CO 的形式存在,其中 CO_2 是大气碳库主要组成部分,截至 2011 年,大气中的 CO_2 浓度已上升到 390.5 ppm(Dlugokencky and Tans,2013)。相对而言,大气中的 CH_4 和 CO 含量较少,并且 CH_4 可在平流层中被羟基氧化成 CO_2,因而在大气碳库中,受到更多关注的是 CO_2。大气碳库是 3 个碳库中最小的,也是估算最为准确的碳库。不同研究者对大气碳库的估算略有不同,但总体差异不大。最新研究结果显示,大气中总碳含量已达到 828 Pg C(Prather et al.,2012;Joos et al.,2013),其中包含约 3.7 Pg C 的 CH_4 和 0.2 Pg C 的 CO,这一含量高于有史以来任何时候。在人类进入工业社会之前,地球系统碳循环过程处于平衡状态,大气中 CO_2 浓度基本维持在 280 ppm。工业革命以来,人类活动中大量化石燃料的燃烧、水泥制造、森林砍伐和土地利用变化等生产活动向大气中排放了大量 CO_2,截至 2011 年,大气中 CO_2 浓度已达到 390.5 ppm,较 1750 年以前上升了近 40%(IPCC,2014)。与冰芯观测资料相比,以 CO_2 为主的温室气体浓度达到了过去 80 万年的最高,其增速也超过了过去 2.2 万年中的任何时候(沈永平和王国亚,

2013）。IPCC 第五次评估报告：依据 15 个地球系统模式 ESM 预估 4 个情景下 2012～2100 年全球累积排放的 CO_2 最少为 140 Pg C，最多高达 1910 Pg C，这表明人类排碳仍将持续增长。如何减少 CO_2 排放量是全人类面临的巨大挑战。

2）陆地生态系统碳库

陆地生态系统碳库主要包括 4 种碳储存形式：植物生物体碳库、生物残体碳库、土壤有机碳库和地质碳库，由于在自然状态下地质碳库一般不参与地球系统圈层间碳循环，因而陆地生态系统碳循环研究中碳库一般是指前 3 种碳库中的碳。陆地生态系统碳库中活体生物体有机碳库总量为 450～650 Pg C（Prentice et al.，2001），凋落物、死亡残体和土壤中的有机碳总含量为 1500～2400 Pg C（Batjes，1996）。除此之外，全球土壤碳库还包括湿地旧土壤碳（300～700 Pg C；Bridgham et al.，2006）和永久冻土层中的碳（1700 Pg C；Tarnocai et al.，2009）。作为大气中 CO_2 的重要源和汇，陆地生态系统碳库微小变化即导致大气 CO_2 浓度的明显波动，进而影响全球气候的稳定（Canadell et al.，2000；朴世龙等，2010）。由于陆地生态系统是一个植被-土壤-气候相互作用的、复杂的系统，各子系统之间、子系统与大气之间存在着复杂的相互作用和反馈机制。因而，对于陆地生态系统碳含量的估算一直存在较大差异。全球碳循环中最大的不确定性也主要来自陆地生态系统碳库（陶波等，2001）。地球系统碳循环研究中，对陆地生态系统碳库的估算仍需要做大量的工作。

3）海洋碳库

占地球表面积 71% 的海洋是地球碳循环系统中一个巨大的碳库。在生物圈中循环的碳有 95% 存在于海洋中，CO_2 在海洋中的储量是大气的 50 倍、陆地碳库的 20 倍（Falkowski，2000）。海水中的碳主要以 CO_2、碳酸氢根、碳酸根、有机碳化合物以及碳酸盐类物质等形式存在。在海洋中，生物碳的储量约 3 亿 t，溶解有机碳的储量约为 7000 亿 t，溶解无机碳的储量约为 38 000 亿 t（Hansell et al.，2009；秦大河，2003）。作为地球表层最大的碳汇，海洋发挥着全球气候变化缓冲器的作用，但由于数据缺乏等原因，当前对海洋碳库的认识仍不足。全球变化日益严重的形式下，对于海洋碳库、碳循环需要更多关注。

2. 全球碳循环过程

全球碳循环过程是认识地球系统和全球变化的关键环节，人类活动引起的大气碳平衡的改变是导致全球变暖的主要原因（李家洋等，2005）。全球变化背景下的碳循环研究不仅对于地球系统碳库的估测至关重要,而且对于地球系统碳循环中的碳源、碳汇认识也十分关键。

整个地球系统中碳循环是以 CO_2 为中心,主要在大气圈、陆地生态系统和海洋中进行。本节分别讨论大气碳循环、海洋碳循环和陆地生态系统碳循环。

1) 大气碳循环

大气中的碳主要以 CO_2 形式存在。就物质循环而言,碳循环的主要环节是 CO_2 的循环(Jorge et al. , 1999;王明星,1999)。大气内部碳循环过程包括大气物理过程和含碳气体有关的化学过程。大气物理过程决定了大气中 CO_2 浓度时间变化和空间分布,但对大气碳库碳储量影响不大。相比而言,大气碳化学过程决定了大气碳库大小(陈泮勤,2004)。

大气-生物圈碳循环过程中,植物通过光合作用吸收大气中 CO_2(Beer et al. , 2010);生物体和土壤中的碳,则通过生物残体分解、自养呼吸和异养呼吸以及其他扰动活动释放 CO_2 到大气中。此外,陆地生态系统部分土壤碳也伴随土壤侵蚀和地表径流转入河流、湖泊、海洋等水体中。这些碳,部分以 CO_2 形式返回大气,部分则以有机碳形式保留在淡水中或形成海洋溶解有机碳、海洋溶解无机碳和海洋颗粒有机碳而储存于海洋中(Tranvik et al. , 2009)。

自然过程条件下,大气、海洋和陆地 3 个碳库之间处于平衡状态。工业革命前,大气 CO_2 处于动态平衡状态,大气碳库维持在 280 ppm 左右。工业革命以来,人类活动向大气中排放了大量 CO_2,导致大气 CO_2 浓度迅速增长,打破了大气碳库的动态平衡,引起了海-气、陆-气之间碳通量的变化。大气 CO_2 作为重要的温室气体,会影响大气辐射强迫,增强温室效应,进而引起全球变化,导致海洋、陆地物理状态的变化(海洋酸化、陆表冻土消融等)。大气碳循环与全球碳循环过程是耦合在一起的,二者相互作用,互相影响。

2) 海洋碳循环

海洋碳循环中,大气中的 CO_2 通过海气界面进入海洋后,受海洋本身的物理过程和海洋生态系统两个过程控制,前者被称为物理泵,后者被称为生物泵。物理泵又称为溶解泵,是指碳在海水中受到海洋环流等物理过程的作用,发生平流、扩散,实现碳在海水中的输运,特别是垂向的迁移运动,能够促进海气界面的碳交换过程(Balino et al. , 2001)。生物泵是指通过海洋生态系统食物链中各种生物的生产、消费、传递、分解等一系列过程实现碳的垂直迁移的过程(殷建平等,2006)。

物理泵过程中,通过气体交换从大气进入海洋的 CO_2 的量取决于风速、海气界面分压差以及海水温度。主要过程:冬季到达北大西洋高纬地区表层的暖海水被冷却后下沉海底,形成深层海水,之后深层海水向南运动,到达南极加入新形成的深层冷海水,随后部分顺海底流向大西洋、印度洋和太平洋海盆。这些深层冷海水在太平洋和印度洋上翻到表层海洋后作为表层流回到北大西洋。在整个环流过程中海水和沉积物中有机物分解,深层海水变成富含营养盐和 CO_2 的海水(Balino et al.,2001;陈泮勤,2004),这一过程中只有很小部分(0.2 Pg C/a)通过生物活动到达海底沉积物中,这部分碳可以储存上千年或更长时间(Denman et al.,2007)。

海洋生物泵过程受海洋生态系统控制。由于海洋生态系统是一个相当复杂的系统,碳在其中的转化和传输也十分复杂。在海洋上层真光层内,浮游植物的光合作用将 CO_2 转化为生物体内有机碳,并通过海洋生物链逐级转移至浮游生物中。浮游生物生命过程中的排泄物、浮游动植物死亡后的尸体以及被细菌等微生物分解产生大量有机碳和无机碳,部分有机碳下沉到一定深度而发生矿化作用,将有机碳转化为溶解无机碳,并被海洋环流输运转移。此外,在浮游植物光合作用合成有机碳以及有机碳在食物链的转移过程中还伴随着生物碳酸钙的生成,在表层海水以下,碳酸钙也会被分解,重新释放出无机碳(鲍颖,2011)。

3) 陆地碳循环

陆地生态系统是一个土壤-植被-大气相互作用的复杂系统,系统内部各子系统之间及其与大气之间存在着复杂的相互作用和反馈机制(周广胜,2003)。整个陆地生态系统碳循环中的碳,通过植物体和土壤中多种生理、生化、物理、化学、生物地球化学等过程进行循环。根据植物生长环境的不同,整个陆地生态系统可划分为森林生态系统、农田生态系统、草地生态系统以及湿地生态系统等不同子系统。不同子生态系统中碳循环有较大差异。陆地生态系统碳循环研究是当今全球变化研究中的重要问题之一,1.2 节将对整个陆地生态系统中碳循环进行详细介绍。

1.2　陆地生态系统碳循环的研究

陆地生态系统碳循环是指碳元素在该复杂系统(包括大气圈、生物圈、土壤圈)之间的迁移运动和周转过程。该过程包括各种形态的碳在各个子系统内部的迁移转化过程,以及发生在子系统之间(陆-气界面)的通量交换过程。陆地生态系统碳循环过程中,植物通过叶绿素在光合作用下吸收大气中的 CO_2 和水汽转化成有机碳水化合物储存在植物体内,吸收的总碳量被称为生态系统总初级生产量(gross primary productivity,GPP)。由于植物自身呼吸作用需要消耗部分固定在植物体内的有机化合物并释放 CO_2,该过程释放的碳量被称为生态系统自养呼吸量(autotrophic respiration,R_a),自养呼吸消耗后剩余的碳量被称为生态系统净初级生产力(net primary productivity,NPP),即 NPP=GPP−R_a。NPP 积累形成陆地植被生物量碳库,该碳库在异氧呼吸作用下分解土壤和凋落物碳库中的部分有机物,并释放 CO_2,该过程释放的碳量被称为生态系统异养呼吸量(heterotrophic respiration,R_h),异养呼吸消耗后剩余在生态系统中的碳量,被称为生态系统净生产力(net ecosystem productivity,NEP),即 NEP=NPP−R_h。扣除受生态系统扰动(病虫害、火烧、森林砍伐)以及土壤侵蚀等从生态系统中"移出"的碳,最后保存在生态系统中的净碳,被称为净生物群区生产力(net biome productivity,NBP)。生态系统自养呼吸量(R_a)与异养呼吸量(R_h)之和,被称为生态系统呼吸量(ecosystem respiration,R_e),即 $R_e=R_a+R_h$。

整个生态系统碳循环过程的各个环节的关系如图 1-3 所示。

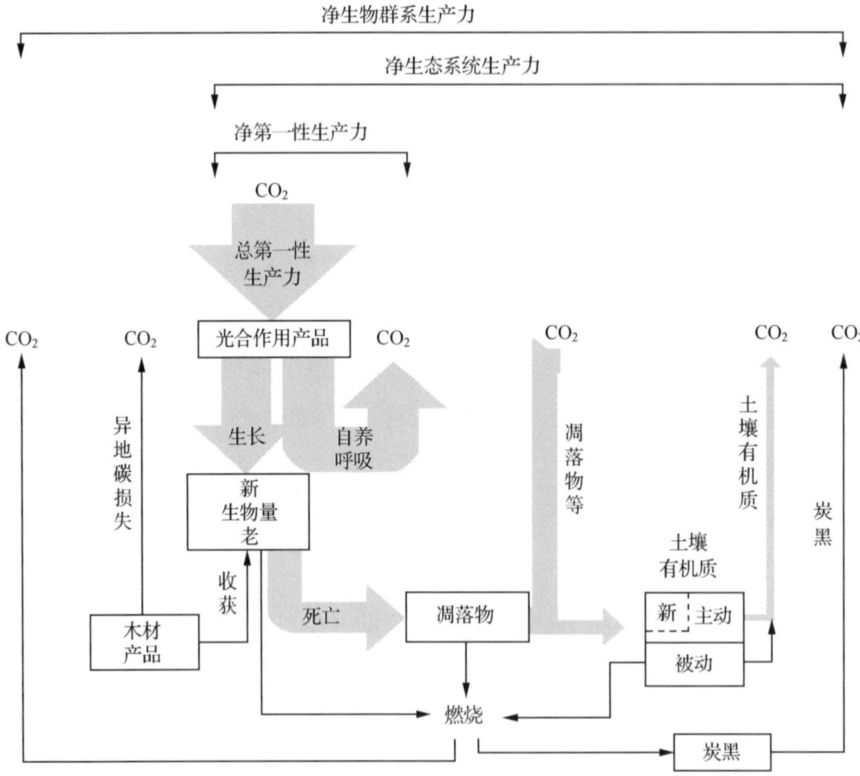

图 1-3　陆地生态系统碳循环主要过程示意图

1.2.1 陆地生态系统碳循环研究方法概述

陆地生态系统碳循环研究方法可分为实验观测方法和模型模拟方法两类。

1. 实验观测方法

20 世纪 60～70 年代,主要利用植物生长箱、野外环境控制试验、便携式测定系统(包括稳态气孔仪、光合作用测定系统)、自动气象和水文要素观测仪器等实验观测技术对叶片、个体或样点的碳、水和氮生理生态过程进行研究。此时的实验观测技术大多只能对生态系统碳、氮、水循环的部分过程及其影响要素进行直接测定;而部分实验观测技术,如微气象理论的波文比法和空气动力学梯度法,由于其需要较多的假设条件,以及观测仪器精度等限制,只能作为间接的和近似的生态系统尺度通量的观测方法。80～90 年代,随着先进数据采集设备的出现以及计算机技术的突飞猛进,基于通量观测理论的涡度相关观测仪器的成功研制,使得野外连续观测成为可能,通量观测方法在陆地生态系统碳循环研究方面得到了广泛应用。

2. 模型模拟方法

陆地生态系统碳循环模型主要包括陆地碳循环过程模型(又称为机理模型)和遥感模型。国际上比较著名的陆地碳循环过程模型有 TEM、CENTURY、FOREST-BGC、MAPSS、Biome 和 SiB2 等;碳遥感模型遵循光能利用效率原理(Monteith,1972),基于遥感获取下垫面植被参数(如植被指数、叶面积指数、光合有效辐射等)和气象驱动数据估算植被生产力等,MODerate-resolution Imaging Spectroradiometer (MODIS)的 GPP 产品的算法就是一个著名的遥感碳模型。

1.2.2 陆地生态系统碳循环的研究历程

陆地生态系统碳循环的研究始于 20 世纪 70 年代初,当时的研究工作主要集中在陆地生态系统生物量和碳库估算两方面:①在陆地生态系统生物量和生产力方面,随着国际生物圈计划(IBP)以及人与生物圈(MAB)计划的实施,在植被生物量和生产力的研究中,开始引入生态系统的观点,并开展与环境因子关联性研究,森林生物量和生产力的研究工作得到很大的发展。经过 10 年(1965～1974 年)的工作,完成了对全球 NPP 较合理的估算(Whittaker and Niering,1975);②在陆地生态系统碳库方面,Bohn(1976)根据土壤分布图和相关土组的有机碳含量,所估算的全球土壤有机碳库约为 2946 Pg C。Schlesinger(1977)和 Stuiver(1978)也开始研究陆地土壤碳库的变化及其机制。

从 20 世纪 80 年代开始,逐步开展了碳循环的模型模拟研究:①针对陆地生态系统生物量和生产力做了进一步的研究工作,Delcourt 和 Harris(1980)的研究发现美国东南部 50 年代以来温带森林生态系统的碳储量是逐渐增加的。Houghto 等(1983)的研究表明,1860~1980 年陆地生态系统的净碳排放量达到 180×10^{15} g,1980 年的净碳排放总量为 $18 \times 10^{15} \sim 47 \times 10^{15}$ g。Brown 和 Lugo(1984)估算的热带森林的生物量为 205×10^{15} g。Cooper(1983)研究发现,对于管理森林区,不收获天然林能够增加森林的碳储量。②针对陆地土壤碳库和植被碳库的研究有了新的进展,如 Parton 等(1987)将土壤碳库区分为活性、缓性和钝性 3 个部分。Post(1993)采用统计方法,主要依据植被类型和土壤碳密度等信息,估算了全球土壤有机碳库为 1395 Pg C,是陆地植被碳库和全球大气碳库的 2 倍左右。③陆地生态系统碳循环模型研究中,起到奠基性作用的是 Farquhar 等(1980)的光化学模型的发表。Farquhar 发现光合速率同时受羧化速率和光量子效应双重控制的机制,Collatz 等(1991)进一步发展 Farquhar 的光化学模型。Esser(1987)发展了 OBM 静态碳平衡模型,该模型主要根据陆地生态系统的分类信息来模拟陆地表层生物圈的碳通量,结合实测数据,分析不同生态系统类型的碳密度和分布面积,进而估算全球陆地碳库和碳通量。

自 20 世纪 90 年代开始,陆地生态系统碳循环的研究成为跨学科、综合性的国际合作研究热点。这一时期,陆地生态系统碳循环的研究工作主要集中在以下几方面:①陆地生态系统碳源/汇和碳库方面的研究得到进一步加强。这方面的研究主要集中在研究北半球、热带、副热带、温带、亚洲季风区、东南亚、南亚以及北方森林对全球碳源/汇的贡献。与此同时,相继开展了国家尺度森林生态系统在碳循环中作用方面的研究工作(如 Apps and Kurz, 1990;Fang et al. , 1998;Karjalainen et al. , 1995;Kauppi et al. , 1992;Rozhkov et al. , 1996;Sykes and Prentice, 1996;Vinson and Kolchugina, 1993 等)。碳储量预测模拟方面的研究,促进了陆地生态系统碳循环模式和数值模拟的发展,如 Foley (1995)提出陆地碳循环平衡模式,Emanuel(1993)提出动力学模式,Goldewijk 和 Leemans(1995)建立并发展了系统模式等。在这一时期,陆地土壤碳库的研究开始与地理信息系统(GIS)技术结合,如采用 GIS 手段,描述土壤碳库不同层次的属性和空间分布,包括俄罗斯、加拿大和中国等在内的许多国家,在区域尺度上建立了不同比例尺的数字化土壤分布图及土壤碳数据库。

②较深入开展了陆地生态系统碳循环驱动机制方面的研究,包含陆地生态系统对大气 CO_2 浓度增加的响应研究(Amthor and Loomis,1996;Koch and Mooney,1996)、土地利用变化对陆地碳库的影响研究(Houghton,1996),以及陆地生态系统生产力时空变化的控制因子方面的研究等。Walker 和 Steffen(1997)研究发现,GPP 主要受 CO_2 浓度变化的影响,NPP 不但受 CO_2 浓度的影响,而且还受温度及氮素供应等影响,NEP 的主要影响因子是温度,NBP 主要受包括人类活动在内的各种生态系统干扰的控制。Goldwijk 和 Leemans(1995)的研究认为,虽然各生态系统类型在光合作用和呼吸作用的生化机制上是相似的,但由于植被、土壤和气候因子都存在极大的空间异质性,因此,光合速率、调节因子、分解速率及碳的周转速率和储存能力均有较大的差异。③发展了不同的陆地生态系统碳通量估算方法。例如,碳机理模型和遥感模型得到了进一步发展和应用(如 Running et al.,1994);涡度相关碳通量在线观测技术的广泛应用,逐步形成了覆盖全球的碳通量观测网。

进入 21 世纪,国际地圈生物圈计划(IGBP)、全球环境变化国际人文因素计划(IHDP)、世界气候研究计划(WCRP)等国际科学组织发起了新一轮国际碳研究计划。主要围绕 3 个科学问题展开:①碳源/汇的时空格局与变化规律,具体包括碳源与碳汇格局随时间变化的变化、大陆和盆地尺度的碳源与碳汇空间分布格局、人类活动(化石燃料的燃烧和土地利用)对碳源与碳汇格局的贡献以及在碳循环中区域和次区域对全球碳收支的影响;②碳循环过程的控制因素(人类和自然)及其相互作用机制,包括控制工业革命前大气 CO_2 浓度的机制、控制当前陆地和海洋碳通量的机制、控制人为碳通量和碳储库的机制以及放大或减小人为和非人为碳通量的反馈机制等。③未来碳循环的动力学过程及趋势,包括当前陆地碳源/汇特征、碳通量随工业、商业、交通、居住系统以及土地利用变化的特征、人类面对碳循环挑战的响应等。

针对上述主要科学问题,IGBP、IHDP 和 WCRP 共同发起了为期十年的碳循环联合计划,即全球碳挑战计划(The Carbon Challenge/An IGBP-IHDP-WCRP Joint Project),以及现有的 IGBP 陆地样带(Terrestrial Transect)研究计划、全球陆地生态系统通量观测网络(FLUXNET)等研究计划。此外,还有国家以及区域尺度的碳计划,如北美碳研究计划、欧洲碳研究计划、中国陆地生态系统碳循环及其驱动机制研究计划等,都促进着陆地生态系统碳循环的研究与发展。

Watson 和 Noble(2002)指出,1850 年以来,陆地生物圈由于土地利用的变化排放了 124 Pg C,但同时吸收了 85 Pg C,因此,陆地生物圈呈现为一个 39 Pg C 的净源。Pacala 等(2001)研究表明在 1990~2000 年的 10 年中,陆地生物圈已变成一个汇。

Prentice 等(2001)采用模型模拟和同位素测量的方法研究发现,从 80 年代到 90 年代陆地生物圈的净吸收从(0.2±0.7) Pg C/a 增加到 1.4 Pg C/a,总吸收从 1.9 Pg C/a 增至 3.0 Pg C/a。Bousquet 等(2000)的研究表明,北美陆-气之间的碳交换的年际变化非常大,可从 1 Pg C/a 的汇到同样大小的源,长期平均值接近零。大多数模式认为,欧亚大陆是一个明显的汇,平均值大于 1 Pg C/a,年际变化也比较大。估算表明,热带地区是一个净碳汇,大小在 0.3 Pg C/a 左右波动,平均为零。总体上,陆地生态系统所吸收的 3 Pg C/a 中,约一半被北半球生态系统吸收,特别是被欧亚大陆和北美大陆所吸收,另一半被热带生态系统所吸收。

　　以上简述了从 20 世纪 70 年代到 21 世纪初,陆地生态系统碳循环的主要研究历程,下面主要针对近 30 年来,陆地生态系统碳循环研究的关键核心科学问题,包括陆地生态系统碳循环影响因素以及未来趋势等方面作简要介绍。

1.2.3　陆地生态系统碳循环影响因素研究

　　影响陆地生态系统碳循环的因素,主要包括自然和人为扰动。扰动是在不同时空尺度下以不同的影响程度和不同的频率发生的。研究气候因素(如温度升高、降水格局变化等)与其他各种扰动因素(如 CO_2 浓度升高、氮沉降长期增加、臭氧增加等)对陆地生态系统碳、氮和水循环过程的作用机制,从而进一步综合评价陆地生态系统对气候变化的响应,是探讨人类社会适应气候变化的重大科技需求,日益成为全球碳循环研究的焦点问题(Walther et al.,2002)。

　　本小节主要对过去 30 年来,陆地生态系统碳循环影响因素的研究技术方法以及研究成果进行介绍。

　　研究技术方面,主要是通过控制实验以及结合各种观测数据进行陆地生态系统碳循环的影响因素研究。通过 FACE 和 OTC 控制试验来评价 CO_2 浓度或温度升高对植物个体、群落及生态系统水平的作用和影响,以及生态系统在各个水平的响应和适应过程与机制(Norby and Luo,2004)。同时,卫星遥感数据也被用来描述土地利用变化、火灾和其他扰动等对陆地生态系统碳循环过程的影响(Potter et al.,2005;Masek et al.,2008)。除此以外,涡度通量观测技术(Baldocchi,2008)、森林调查(Pan et al.,2010)以及长期生态观测(Turner et al.,2003)等手段也被广泛运用于估算扰动对碳过程的影响。

　　在自然扰动方面,气候(温度和降水等)是影响陆地生态系统碳循环的主要因素,温度升高对生态系统碳循环的影响主要表现在植物物候期、光合、呼吸、土壤水分动态和蒸散发的变化(Luo et al.，2001；Melillo et al.，2002；Piao et al.，2008)：①气候变暖会导致净碳释放，并通过正反馈使气候变暖加剧(Holling，1959)。IPCC第五次报告也指出,陆地生态系统碳汇增加的主要原因是气候变暖,它会引起北半球生产力增加、森林恢复和人工林碳汇的增加(於琍和朴世龙,2014)；②实验证据也表明,温度会通过改变生物物候和生长季长短、养分有效性、生态系统水分和物种组成等间接地影响陆地生态系统碳过程(Luo,2007)。近年来在降水格局变化如何影响生态系统碳循环过程方面也开展了大量研究工作,特别是降水脉动对生态系统生产力的影响(Knapp et al.，2002；Huxman et al.，2004a)。这方面的研究表明：①随着年平均降水量的增加,生物群系的降水利用效率减小；当水分受到极端限制时,无论是荒漠还是草原或森林,它们的最大降水利用效率都趋于守恒,即单位降水的生产力相当(Huxman et al.，2004b)；②增加降水有时会加速生态系统的碳涌入,同时又加快分解速率(如减少碳的停留时间)(Knapp et al.，2008)；③不同频率、强度和数量的降水对生态系统碳过程会产生不同的影响,如增加降水量,会减少土壤呼吸和地面上的净初级生产力等(Fay et al.，2002；Knapp et al.，2002)；④降水也会影响物种组成、土壤发育、养分有效性和其他过程,而这些因素会间接地影响生态系统碳过程(Zhou et al.，2009)。

在人为扰动中,土地利用是最重要的陆地生态系统碳循环影响因素,它通过土地利用变化和持续土地利用两种方式来影响碳循环。在土地利用变化方面,森林类型与其他土地利用类型的转换,不仅会导致生态系统的碳向大气释放,而且会减少碳在生态系统中的停留时间(Guo and Gifford,2002)；天然草地转为耕地时会减少土壤库中碳的停留时间。植树造林、森林恢复以及改进森林和农田的管理,能够增加碳吸收(Piao et al.，2009)。在持续的土地利用方面,对转换后的土地持续利用会定期地扰乱碳循环(Luo and Weng,2011)。总体上,全球范围的人类土地利用活动会导致每年向大气中净排放 1~2 Pg C,从 1850~2000 年,土地利用转换导致净碳排放占全球总人类活动碳排放的 35%(Strassmann et al.，2008；Houghton,2003)。

此外,火烧、暴风或昆虫、流行病等扰动也会影响陆地生态系统碳循环过程。火烧植物活体和残体、枯落物,以及土壤最上层的碳,会导致碳从这些碳库向低均衡水平方向移动。火灾会减弱生态系统光合作用能力以及改变物理化学性质,从而影响枯落物和 SOM 的分解,由此会影响碳的停留时间(Brennan et al.，2009)。相对潮湿地区而言,火灾对干旱地区碳循环的扰动频率相对要高(Bond and Keeley,2005)。此外,重复的干扰还会使一个生态系统由于每次的短期恢复时间而降低储存碳的能力(Gough et al.，2008；Balshi et al.，2007)。总体上,每年在全球范围内,野火燃烧

的陆地面积占植被地表面积的 4% 左右,并向大气释放 2~3 Pg C(Tansey et al.,
2008)。1997~2001 年,每年由火灾引起的 CO_2 排放量从 1.74 Pg C 增加到 3.53 Pg C
(van der Werf et al.,2004)。暴风和昆虫、流行病等干扰会减弱冠层光合作用和将
生物体碳转移到枯枝落叶库。2005 年墨西哥湾的卡特里娜飓风使附近地带的植被
变为约 0.1Pg C 的碳源(Chambers et al.,2007)。而龙卷风、火山爆发和洪水则会
导致树木死亡,从而释放碳(Foster et al.,1998)。美国和亚马孙的干旱增加了树木
的死亡率,减少了碳的停留时间(Breshears et al.,2005;Phillips et al.,2009)。

为了研究陆地碳循环时空格局的演变,必然要区分人类活动和自然因素导致的
陆地碳循环变化。对此,IGBP 第五次评估报告提出的目前全球变化研究中两个关
键问题是:①是否可以区分出自然和人类活动影响的生物地球化学循环过程和气候
的变化;②全球气候对 CO_2 浓度的敏感性如何。土地利用变化(LUCC)是影响陆地
碳汇/源强度的最为重要的人为活动。它对陆地碳交换的影响成为碳循环科学研
究中的焦点。研究结果表明,从 18 世纪 50 年代到 19 世纪 90 年代,LUCC 引起的
全球陆地总净碳排放达到124 Pg C,其中中国陆地净碳排放 9.4 Pg C(Houghton,
1999)。

1.2.4　未来陆地生态系统碳循环研究的方向

陆地生态系统碳循环研究涉及面广、时间跨度长,通过单一的技术方法进行直
接观测和分析计算很难得出有效的结果。随着卫星遥感、地理信息系统、计算机技
术等的迅速发展,陆地生态系统碳循环的研究必将走向多学科综合、各种技术方法
和多源数据整合的道路(刘纪远等,2003)。未来陆地生态系统碳循环研究的发展方
向可能具有如下特点:①涡度相关法目前被广泛采用,但该方法对下垫面要求较高,
改进通量观测的准确度,并且需要研究观测数据的空间代表性,才能更好发挥其在
研究碳循环中的作用。②陆地生态系统模型经过几十年的发展,已经成为陆地碳循
环研究中重要的研究方法之一,随着计算机技术和数据分析方法的快速发展,陆地
生态系统模型必将得到进一步改进及更广泛和有效的应用。③近年来,世界各国相
继发射了资源环境遥感卫星。这些多光谱、多时空分辨率的观测技术能够给碳循环
研究提供更多有用的观测数据;同时地理信息技术正结合计算机技术,将深入变革
空间分析方法。通过结合这些新技术能够给陆地生态系统碳循环研究带来新的观
测数据和研究方法。④单一的技术手段很难得出可靠的碳循环结果,陆面过程模型
存在多种误差和不确定性,这可能导致最后的模拟结果与真实情况相差很大,而观

测手段通常只能获得不连续且空间代表区域较小的数据,因此,采用数据同化方法,将观测数据与模型模拟结果同化,能够获得更为可靠的结果。例如,碳通量的研究是碳循环研究的重点和主要内容,在目前的研究手段中,常用的有大气 CO_2 反演方法,它结合全球碳排放清单以及大气传输模型模拟大气 CO_2 浓度,求解代价函数,目标是使观测和模拟的 CO_2 浓度差最小,从而获得最优的地表通量估算结果。

对于陆地生态系统碳源/汇估算的未来研究,IPCC 第五次评估报告(AR5)中的 CMIP5 指出,其未来变化具有很大的不确定性,多数模式预估结果发现,在所有 RCP 情景下,陆地生态系统是一个碳汇,而考虑了气候变化和土地利用变化综合效应后的模式认为陆地生态系统将成为碳源。模式结果也表明,到 21 世纪末,热带地区生态系统对碳的吸收固定可能会有所减少,高纬度地区陆地碳存储可能会有所增加。

未来陆地生态系统碳循环过程仍然会受内部过程、外部扰动以及全球变化的综合控制影响,如扰动引起的碳库大小的时间变化、扰动机制的变化、全球变化直接引起碳涌入和停留时间的变化以及扰动和全球变化引起的碳循环状态变化。在这些因素影响下,状态变化是最难理解的,但它对于未来陆地生态系统的碳稳定是最具深刻影响的(Dakos et al. ,2008；2010；Lenton et al. ,2009)。

AR5 指出未来碳循环与气候变化之间的正反馈关系。同时,由于生态系统碳循环的主要过程对气候变化的响应及其反馈非常复杂,还无法准确模拟。大多数的地球系统模式中的碳循环模块也并未考虑冻土、湿地的碳反馈以及碳-氮循环之间的相互作用。所以,未来陆地生态系统碳循环在这些方面的耦合关系及多种环境要素间的协同作用认识还有待进一步研究。

1.2.5　陆地生态系统碳循环与数据同化

近几十年来,为了研究陆地生态系统碳循环,已经建立并改进了许多生态系统模型。伴随着计算机科学技术和数值方法的快速发展,这些复杂的模型系统得以进一步发展。同时,各种遥感卫星的发射以及雷达、微波等技术的发展,观测数据也越来越趋向"真值",数据形式也更加多样化。因而,依靠这些生态系统模型对复杂的物理化学过程和动力学机制的描述,人们可以模拟出未知量在时间和空间上的动态演进,并由此给出未知量"全貌"以及时空上的相关关系。但是,单纯地依靠模型通常不能很好模拟出真实的结果。由于模型物理结构、特定参数、驱动条件以及初值条件的不确定性可通过复杂的误差传递,最终反映到模拟结果中,甚至可能导致模拟结果与真实的情况偏离很大；另一方面,实际观测能够较为准确地获得所观测对象在时空上的"真值",并且通过点观测和遥感观测等新技术可以提供客观世界更直接的信息,但观测信息却不能够准确获得未知量在时空上的连续动态关系,遥感作为陆地生态系统中碳循环研究的宏观和定量观测手段,这一过程通常需要借助一定的反演模型或者其他间接手段,如碳通量的反演,而这也会带来较大的不确定性,另外,观测数据的代表性问题也需要考虑。所以,如何将模型与观测有机地结合起来,是陆地生态系统碳循环科研工作者亟待解决的问题。

从大气和海洋学科发展起来的数据同化技术,给陆地生态系统碳循环研究带来了新的方法。通过某种特定的代价函数将观测量和模型模拟值结合起来得到最优值,它是一种在考虑数据时空分布背景场误差以及观测误差的基础上,在数值模型的动态运行过程中融入新的观测数据的方法(Talagrand,1997)。早期的数据同化算法包括多项式插值法、逐步订正法和最优插值法等。从 20 世纪 90 年代开始,变分法和卡尔曼滤波算法主导了数据同化领域,目前,以集合卡尔曼滤波及其相关改进算法,以及粒子群算法等为代表的现代同化方法正受到各方面研究的关注。这种将数据-模型融合与同化(Raupach et al.,2005;Sacks et al.,2007)的方法,是在陆面过程模型的动力框架内,通过不断地融入不同来源和不同分辨率的直接或间接观测,将陆面过程模型和各种观测算子集成为不断地依靠观测、自动调整模型轨迹并减小误差的预报系统(李新等,2007)。

然而,数据同化算法被引入陆地生态系统碳循环领域时间尚短,直接将其引入需要解决一些兼容性问题等,而这些问题仍然需要做大量研究工作。

1.3　大气 CO_2 数据同化系统发展历程

大气 CO_2 数据同化法(Peylin et al.,2013;Jiang et al.,2013;Peters et al.,2010;2007;Baker et al.,2006;Gurney et al.,2004;2003)属于自上而下的地表碳源/汇估算方法。它通过比较大气 CO_2 浓度的模拟和观测值,采用一定的优化算法来调整碳源/汇数据,从而反算出全球或区域碳源/汇分布,是碳源/汇计算的重要方法。这种方法为估算区域和全球生态系统碳通量提供了有效的手段(Zhang et al.,2013;Scholze et al.,2007;Rayner et al.,2005;Kaminski and Heimann,2001;Rivier et al.,2010;Bousquet et al.,2000)。

1.3.1　大气 CO_2 数据同化系统发展历史

大气 CO_2 数据同化法综合了多种估测方法的优势,既包括人类活动释放的 CO_2,又能捕捉到自然环境变化引起的生态系统 CO_2 排放的变化。它已经被广泛用于估测地表 CO_2 的净通量,是国家或区域尺度上陆地生态系统碳循环研究的重要手段(Feng et al.,2009;Gerber et al.,2009;Peters et al.,2010)。

大气 CO_2 数据同化模型的发展可以追溯到早期的气象数值模拟。数据同化技术(集合卡尔曼滤波算法 EnKF、三维变分法 3DVAR、四维变分法 4DVAR 等)的发展,为大气 CO_2 反演提供了技术基础(高山红等,2000)。早期的大气碳数据同化模型存在很多问题,受 CO_2 观测站点数量不足的影响,其时间步长为年,Transcom 碳同化反演框架将全球分为 23 个区,其空间分辨率很粗。

在地面大气 CO_2 观测密度难以提高的情况下,研究者们纷纷开始对大气 CO_2 数据同化框架进行改进和优化。例如,Deng 等(2007)为了提高区域模拟的空间分辨率,发展了嵌套式的大气碳同化方法,它在 Transcom 分区的基础上,将北美再细分为 30 个区,以提高北美区陆地碳源/汇的反演精度。与此同时,数据同化算法的改进也极大地推动了大气 CO_2 同化反演算法的发展。Peters 等(2005)和 Bruhwiler 等(2005)为了解决全球范围内 CO_2 观测数据不足以及碳同化反演计算量过大等问题,研发出新的大气 CO_2 数据同化模型 CarbonTracker。该模型根据大气 CO_2 浓度与地表通量之间的滞后特征,提出了"滞后集合卡尔曼滤波"法(Zupanski et al.,2007),目标是提高反演地表 CO_2 源汇的时空分辨率。改进后的大气 CO_2 数据同化模型 CarbonTracker,大大提高了 CO_2 反演的精度,能够高效地模拟出格网尺度、周步长全球碳源/汇时空分布。尽管大气 CO_2 数据同化法的研究已经取得重要进展、新的研究内容(如同化方法的改进、反演框架的优化)也在不断地被提出。但大气碳同化反演系统仍受观测数据的制约,所依赖的观测数据仍然是全球地基观测数据,其碳源/汇模拟结果仍存在着较大的不确定性。

相对于国际,我国的大气 CO_2 数据同化研究仍处于起步阶段,但国内学者现在开始认识到了大气 CO_2 同化反演方法的重要性,现已逐步开展大气同化反演的研究。例如,李灿等(2003)用改进的大气 CO_2 数据同化反演模型模拟出了全球碳源/汇的分布;朴世龙等(2010)利用大气 CO_2 同化反演模型、地面清查资料以及遥感数据统计估算法和生物地球化学模型三种相互独立的方法,对中国陆地生态系统碳源/汇分布情况进行估算,定量分析了中国陆地碳通量分布及其变化机制,指出中国碳汇大小的估计值为 0.19～0.24 Pg C/a。Jiang 等(2013)和 Zhang 等(2014)分别利用嵌套式的大气 CO_2 Transcom 同化系统和 CarbonTracker 同化系统,分别对中国区域的碳源/汇时空分布情况进行了模拟和分析,其结果表明中国陆地生态系统是一个被低估了的大的碳汇:2001～2010 年总碳通量变化范围为 0.28～0.33 Pg C/a。

1.3.2　大气 CO_2 数据同化系统的新发展:地基-卫星联合碳同化

传统的大气 CO_2 数据同化反演系统仅利用分散在世界各地的地基 CO_2 浓度观测站(全球总共约 200 个站点)数据。由于观测站点的数量不足、分布不均及观测指标的不一致,全球 CO_2 源汇估算结果存在较大的不确定性(茹菲等,2013)。CO_2 浓度观测数据的稀缺成为大气 CO_2 数据同化反演模型准确估算全球碳源/汇的重要瓶颈,且不利于生态系统碳源/汇的机制分析及其对全球变化的响应研究(Basu et al.,2013)。基于遥感手段的碳卫星数据的出现,改变了这一现状。其时间的连续性以及覆盖全球的广阔性,突破有限地表站点观测数据的局限性,有望大大降低陆表碳源/汇估算的不确定性。已发表的大气 CO_2 卫星-地基联合同化的研究结果表明卫星观测有助于提高区域和全球碳源/汇估测精度。因此,将卫星数据引入碳通量同化反演系统,对于提高碳源/汇估测精度、增强陆地碳汇动态变化机制的认识具有重要发展潜力。

目前 SCIAMACHY(scanning imaging absorption spectrometer for atmospheric chartography)(Reuter et al.,2011),OCO-2 卫星以及日本的 GOSAT(greenhouse gases observing SATellite)(Hamazaki et al.,2005;Kadygrov et al.,2009;Butz et al.,2011;Shim et al.,2011)卫星能监测到近地表大气碳浓度数据的长期变化,将成为提高陆表碳源/汇同化反演结果的有效手段。我国碳卫星研究晚于美国、日本和欧洲等国家和地区。我国的碳卫星计划于 2016 年发射,其 CO_2 产品的设计精度同目前 GOSAT 产品基本相同,将优于 4 ppm。初步反演试验结果表明,在像元无污染条件下,模拟反演结果精度可以优于 1 ppm,显示出极强的应用前景(刘毅等,2013)。

世界许多科研机构对卫星柱浓度数据的质量进行了试验验证,如比利时皇家天文台的学者 Dils 等(2006)通过比较 SCIAMACHY 和 TCCON 的数据集,证明了 SCIAMACHY 数据能实时监测到大气 CO_2 的动态分布情况;美国加利福尼亚州理工学院的Miller等(2012)对比分析了 GOSAT 与美国 OCO 传感器方案,认为 GOS-AT 的傅里叶变换分光计(FTS)设计方案能更好地遥感监测到大气 CO_2 浓度的变化情况,因为 FTS 有更宽的光谱覆盖范围以及稍高的光谱分辨率。日本国家环境研究院的研究者，如 Inoue 等（2013）利用航空客机微量气体综合观测网络（the Comprehensive Observation Network for Trace Gases by Airliner，CONTRAIL）观测数据对 GOSAT 进行质量验证和不确定性分析，认为 GOSAT 能获得比其他传感器更好的 CO_2 数据。

近年来，随着卫星观测的大气 CO_2 浓度数据不断增加，把卫星观测的浓度数据引入大气 CO_2 数据同化反演的研究中，已取得了一些进展：如 Chevallier 等（2009）以 GOSAT 卫星获得的 CO_2 大气柱平均浓度为观测数据，通过大气 CO_2 同化模型的反演，估算了全球不同区域 CO_2 吸收和排出的净值情况。其研究表明，GOSAT 卫星数据能够较大幅度地提高碳通量反演精度，降低估算的不确定性。同时，Feng 等（2009）为了估测区域尺度上陆表 CO_2 通量分布特征，将 OCO 的 CO_2 柱浓度引入 EnKF 数据同化算法中，采用大气化学传输模型 GEOS-Chem 进行大气 CO_2 数据同化反演，该理想试验的结果表明，OCO 的 CO_2 浓度观测数据的加入能够降低 CO_2 通量预测结果的不确定性，并提高碳通量数据反演的精度；Basu 等（2013）采用 SRON-KIT RemoTeC 方法，结合 GOSAT 卫星的柱浓度数据进行全球范围内的陆地碳通量反演，其模拟结果也证明了卫星数据能够提高大气 CO_2 同化模型的碳汇估测精度，尤其是对于站点观测稀少地区，卫星数据的作用十分明显。

尽管卫星观测的大气 CO_2 浓度数据对全球碳通量研究提供了很大帮助，但仍有很大的局限性。碳卫星所获取的观测数据一般为从地面到大气顶层的 CO_2 平均柱浓度，这样的观测信息不能满足同化反演系统对 CO_2 浓度观测数据精度的要求，且卫星数据与传统的地基站点 CO_2 数据相比，在处理、分析及尺度上大相径庭。因此，如何在大气反演模型中同时同化两种不同类型的 CO_2 浓度观测数据，是大气碳同化反演系统的研究难点。

1.4　本书主要内容

本书围绕中国碳同化系统的构建及其应用展开。大气 CO_2 数据同化技术（简称为碳同化技术）是大气碳同化系统的核心理论基础，因此，中国碳同化系统的构建及其应用都离不开碳同化技术的框架体系，即"模型模拟-观测技术-数据同化技术"一体化的研究框架。碳同化技术是一种新兴的、多学科交叉和多技术集成的复杂技术，它以大气传输模型为"正演"模型，以大气 CO_2 浓度数据为观测资料，遵循贝叶斯理论，采用数据同化技术，通过求解代价函数，对大气 CO_2 浓度模拟值和观测值的差异进行调整,使差异最小化,实现模拟反演的 CO_2 浓度和地表碳通量的优化,最终估算出全球碳源/汇在时间和空间上的变化(Zhang et al.，2014a；2014b；Scholze et al.，2007；Rayner et al.，2005；Kaminski and Heimann，2001；Rivier et al.，2010；Bousquet et al.，2000)。

　　大气碳同化系统的构建及其应用研究,起步于 21 世纪初期(Gurney et al.，2003；2004)。它在吸收了大气、海洋及陆面数据同化经验的基础上,快速发展并渐趋实用化。目前已成为陆地生态系统碳源/汇估测的重要手段之一。而大气 CO_2 碳同化系统的构建及其应用,涉及很多方面的内容,包括同化算法的选择、同化框架的设计、观测数据的筛选与误差处理、先验通量的权衡等。要用很短的篇幅明了地介绍全球碳同化系统的全貌是比较困难的,国内外也较少见此类书籍。因此,本书的编写力图在前人工作的基础上,全面介绍大气碳同化系统的历史发展、主要研究方法、研究成果以及最新进展,最后对该领域未来发展的方向做出了展望。

　　根据前述讨论,本书的章节安排如下:第 1 章绪论,概述全球变化研究与碳循环研究,以及 CO_2 同化系统的发展历程;第 2 章主要介绍常见的数据同化方法,包括变分方法、卡尔曼滤波方法、粒子滤波方法等;第 3 章介绍大气 CO_2 同化系统中的关键技术,包括系统框架、同化方案、关键参数设定与误差处理;第 4 章重点介绍 Carbon-Tracker 碳同化系统及其前身 Transcom 同化系统;第 5 章主要介绍大气 CO_2 同化系统在中国地区的应用,包括模型的参数设定、数据准备以及不确定性分析,同时也对反演的陆表碳源/汇结果进行了相应的分析、讨论;第 6 章主要介绍碳卫星数据同化系统的现状以及相应的同化算法和案例研究;第 7 章回顾全书内容,指出现有研究的不足并前瞻未来的发展方向。

1.5　小　　结

　　本章概述了全球变化与碳循环系统的主要研究内容与研究现状,并着重介绍了陆地生态系统碳循环的研究历程和未来发展方向,接着介绍了数据同化技术在陆地生态系统碳源/汇研究领域的应用及发展历程。数据同化算法作为碳同化技术及全球碳同化系统的重要组成部分,在连接 CO_2 浓度观测数据与模型模拟结果间起着关键作用,从而形成了"模型模拟-观测技术-数据同化技术"的碳同化研究框架。为了更好地分析和说明这种碳同化研究框架,本书将从数据同化算法的选择、同化框架的设计、观测数据的筛选与误差处理、先验通量的权衡等方面来介绍全球碳同化系统如何构建,并用具体实例来说明模型优劣性。

主要参考文献

鲍颖.2011.全球碳循环过程的数值模拟与分析.青岛:中国海洋大学博士学位论文

陈泮勤.2004.地球系统碳循环.北京:科学出版社

丁一汇,耿全震.1998.大气海洋人类活动与气候变暖.气象,(3):12-17

高山红,吴增茂,谢红琴.2000.Kalman滤波在气象数据同化中的发展与应用.地球科学进展,15(5):571-575

李灿,许黎,邵敏,等.2003.一种大气CO_2源汇反演模式方法的建立及应用.中国环境科学,23(6):610-613

李家洋,陈泮勤,葛全胜,等.2005.全球变化与人类活动的相互作用.地球科学进展,(4):371-377

李新,黄春林,车涛,等.2007.中国陆面数据同化系统研究的进展与前瞻,自然科学进展,17(2):163-173

刘纪远,于贵瑞,王绍强,等.2003.陆地生态系统碳循环及其机理研究的地球信息科学方法初探.地理研究,22(4):397-405

刘毅,蔡兆男,杨东旭,等.2013.中国二氧化碳科学实验卫星高光谱探测仪光谱指标影响分析及优化方案.科学通报,(58):2787-2789

朴世龙,方精云,黄耀.2010.中国陆地生态系统碳收支.中国基础科学,(2):20-23

秦大河.2003.全球碳循环.北京:气象出版社

茹菲,雷莉萍,侯姗姗,等.2013.GOSAT卫星温室气体浓度反演误差的分析与评价.遥感信息,(1):65-70

沈永平,王国亚.2013.IPCC第一工作组第五次评估报告对全球气候变化认知的最新科学要点.冰川冻土,(5):1068-1076

陶波,葛全胜,李克让,等.2001.陆地生态系统碳循环研究进展.地理研究,(5):564-575

王明星.1999.大气化学.北京:气象出版社

徐冠华,葛全胜,宫鹏,等.2013.全球变化和人类可持续发展:挑战与对策.科学通报,(21):2100-2106

殷建平,王友绍,徐继荣.2006.海洋碳循环研究进展.生态学报,(2):566-575

於琍,朴世龙.2014.IPCC第五次评估报告对碳循环及其他生物地球化学循环的最新认识.气候变化研究进展,(1):33-36

周广胜.2003.全球碳循环.北京:气象出版社

Ainsworth E A, Long S P. 2005. What have we learned from 15 years of free-air CO_2 enrichment (FACE)? A meta-analytic review of the responses of photosynthesis canopy properties and plant production to rising CO_2. New Phytologist,(2):351-372

Amthor J S, Loomis R S. 1996. Integrating knowledge of crop responses to elevated CO_2 and temperature with mechanistic simulation models:model components and research needs Carbon dioxide and terrestrial ecosystems. San Diego: Academic Press. 317-346

Apps M J, Kurz W A. 1991. Assessing the role of Canadian forests and forest sector activities in the global carbon balance. World Resource Review,(4):333-343

Baker D, Law R, Gurney K, et al. 2006. TransCom3 inversion intercomparison:Impact of transport model errors on the interannual variability of regional CO_2 fluxes 1988-2003. Global Biogeochemical Cycles,(20):GB1002

Baldocchi D. 2008. TURNER REVIEW No 15 'Breathing' of the terrestrial biosphere: lessons learned from a global network of carbon dioxide flux measurement systems Australian. Journal of Botany, (1):1-26

Baldocchi D D, Hincks B B, Meyers T P. 1988. Measuring biosphere-atmosphere exchanges of biologically related gases with micrometeorological methods. Ecology, 1331-1340

Balino B M, Fasham M J R, Bowles M C. 2001. Ocean biogeochemistry and global change: JGOFS research highlights 1988-2000. IGBP Science, (2):1-32

Balshi M S, McGuire A D, Zhuang Q, et al. 2007. The role of historical fire disturbance in the carbon dynamics of the pan-boreal region: A process-based analysis. Journal of Geophysical Research: Biogeosciences, (112):G2

Basu S, Guerlet S, Butz A, et al. 2013. Global CO_2 fluxes estimated from GOSAT retrievals of total column CO_2. Atmospheric Chemistry and Physics, (13):8695-8717

Batjes N H. 1996. Total carbon and nitrogen in the soils of the world. European Journal of Soil Science, (47): 151-163

Beer C, Reichstein M, Tomelleri E, et al. 2010. Terrestrial gross carbon dioxide uptake: global distribution and covariation with climate. Science, (329):834-838

Bohn H L. 1976. Estimate of organic carbon in world soils. Soil Science Society of America Journal, (3):468-470

Bolin B, Degens E T, Duvigneaud P, et al. 1979. The global biogeochemical carbon cycle. The Global Carbon Cycle, (13):1-56

Bond W J, Keeley J E. 2005. Fire as a global 'herbivore': the ecology and evolution of flammable ecosystems. Trends in Ecology Evolution, (7):387-394

Bousquet P, Peylin P, Ciais P, et al. 2000. Regional changes in carbon dioxide fluxes of land and oceans since 1980. Science, (5495):1342-1346

Brennan K E, Christie F J, York A. 2009. Global climate change and litter decomposition: more frequent fire slows decomposition and increases the functional importance of invertebrates. Global Change Biology, (12):2958-2971

Breshears D D, Cobb N S, Rich P M, et al. 2005. Regional vegetation die-off in response to global-change-type drought. Proceedings of the National Academy of Sciences of the United States of America, (42):15144-15148

Bridgham S D, Megonigal J P, Keller J K, et al. 2006. The carbon balance of North American wetlands. Wetlands, (26):889-916

Brown S, Lugo A E. 1984. Biomass of tropical forests: a new estimate based on forest volumes. Science, (4642): 1290-1293

Bruhwiler L, Michalak A, Peters W, et al. 2005. An improved Kalman Smoother for atmospheric inversions. Atmospheric Chemistry and Physics, (5):2691-2702

Butz A, Guerlet S, Hasekamp O, et al. 2011. Toward accurate CO_2 and CH_4 observations from GOSAT. Geophysical Research Letters, (38):L14812

Canadell J G, Mooney H A, Baldocchi D D, et al. 2000. Commentary: Carbon metabolism of the terrestrial biosphere: a multitechnique approach for improved understanding. Ecosystems, (2):115-130

Chambers J Q, Fisher J I, Zeng H. 2007. Hurricane Katrina's carbon footprint on US Gulf Coast forests. Science, (5853):1107-1107

Chevallier F, Maksyutov S, Bousquet P, et al. 2009. On the accuracy of the CO_2 surface fluxes to be estimated from the GOSAT observations. Geophysical Research Letters, (36):L19807

Collatz G J, Ball J T, Grivet C, et al. 1991. Physiological and environmental regulation of stomatal conductance, photosynthesis and transpiration: a model that includes a laminar boundary layer. Agricultural and Forest Meteorology, 54(2): 107-136

Cooper C F. 1983. Carbon storage in managed forests Canadian. Journal of Forest Research, (1):155-166

Dakos V, Scheffer M, Van N E, et al. 2008. Slowing down as an early warning signal for abrupt climate change. Proceedings of the National Academy of Sciences, (38):14308-14312

Dakos V, Van N E, Donangelo R, et al. 2010. Spatial correlation as leading indicator of catastrophic shifts. Theoretical Ecology, (3):163-174

Delcourt H R, Harris W F. 1980. Carbon budget of the southeastern US biota: analysis of historical change in trend from source to sink. Science, (4467):321-323

Deng F, Chen J M, Ishizawa M, et al. 2007. Global monthly CO_2 flux inversion with a focus over North America. Tellus B, (59):179-190

Denman K L, Brasseur G, Chidthaisong A, et al. 2007. Couplings between changes in the climate system and biogeochemistry. In: Climate change 2007: the physical science basis contribution of working group I to the fourth assessment report of the intergovernmental panel on climate change. New York: Cambridge University Press. 499-587

Detwiler R P, Hall C A. 1988. Tropical forests and the global carbon cycle. Science, (4835):42-47

Dils B, Mazière M D, Müller J, et al. 2006. Comparisons between SCIAMACHY and ground-based FTIR data for total columns of CO, CH_4, CO_2 and N_2O. Atmospheric Chemistry and Physics, (6):1953-1976

Dlugokencky E, Tans P P. 2013. Recent CO_2 NOAA ESRS. www. esrlnoaagov/gmd/ccgg/trends/global. html. [2013-02-01]

Emanuel W R, Killough G E, Olson J S. 1981. Modelling the circulation of carbon in the world's terrestrial ecosystemsl. Carbon Cycle Modelling, (16):335

Emanuel W R, King A W, Post W M. 1993. A dynamic model of terrestrial carbon cycling. Carbon Cycle Modelling, (16):335

Esser G. 1987. Sensitivity of global carbon pools and fluxes to human and potential climatic impacts. Tellus, 39(3): 245-260

Falkowski P, Scholes R J, Boyle E, et al. 2000. The global carbon cycle: a test of our knowledge of earth as a system. Science, (5490):291-296

Fang J Y, Wang G G, Liu G H, et al. 1998. Forest biomass of China: an estimate based on the biomass-volume relationship. Ecological Applications, (4):1084-1091

Farquhar G D, von Caemmerer S, Berry J A. 1980. A biochemical model of photosynthetic CO_2 assimilation in leaves of C3 species. Planta, 149(1): 78-90

Fay P A, Carlisle J D, Danner B T, et al. 2002. Altered rainfall patterns gas exchange and growth in grasses and forbs. International Journal of Plant Sciences, (4):549-557

Feng L, Palmer P B, Sch H, et al. 2009. Estimating surface CO_2 fluxes from space-borne CO_2 dry air mole fraction observations using an ensemble Kalman Filter. Atmospheric Chemistry and Physics,（9）:2619-2633

Foley J A. 1995. An equilibrium model of the terrestrial carbon budget. Tellus B,（3）:310-319

Foley J A, DeFries R, Asner G P, et al. 2005. Global consequences of land use. Science,（5734）: 570-574

Foster D R, Knight D H, Franklin J F. 1998. Landscape patterns and legacies resulting from large infrequent forest disturbances. Ecosystems,（6）:497-510

Gerber M, Joos F, Vázquez-Rodríguez M, et al. 2009. Regional air-sea fluxes of anthropogenic carbon inferred with an Ensemble Kalman Filter. Global Biogeochemical Cycles,（23）: GB1013, doi:10. 1029/2008GB003247

Goldewijk K K, Leemans R. 1995. Systems models of terrestrial carbon cycling in Carbon Sequestration in the Biosphere. Berlin:Springer Berlin Heidelberg

Gough C M, Vogel C S, Schmid H P, et al. 2008. Controls on annual forest carbon storage:lessons from the past and predictions for the future. Bioscience,（7）:609-622

Goulden M L, Munger J W, Fan S M, et al. 1996. Exchange of carbon dioxide by a deciduous forest:response to interannual climate variability. Science,（271）:5255

Guo L B, Gifford R M. 2002. Soil carbon stocks and land use change: a meta analysis. Global change biology,8（4）: 345-360

Gurney K R, Chen Y H, Maki T, et al. 2005. Sensitivity of atmospheric CO_2 inversions to seasonal and interannual variations in fossil fuel emissions. Geophysical Research Letters,（110）:1-13

Gurney K R, Law R M, Denning A S, et al. 2002. Towards robust regional estimates of CO_2 sources and sinks using atmospheric transport models. Nature,（415）:626-630

Gurney K R, Law R M, Denning A S. et al. 2003. TransCom 3 CO_2 inversion intercomparison:Annual mean control results and sensitivity to transport and prior flux information. Tellus B,（55）:555-579

Gurney K R, Law R M, Denning A S, et al. 2004. Transcom 3 inversion intercomparison:Model mean results for the estimation of seasonal carbon sources and sinks. Global Biogeochem Cycles,（18）: GB1010, doi: 10. 1029/2003GB002111

Göckede M, Michalak A M, Vickers D, et al. 2010. Atmospheric inverse modeling to constrain regional-scale CO_2 budgets at high spatial and temporal resolution. Journal of Geophysical Research:Atmospheres,（115）:D15113

Haberl H, Erb K H, Krausmann F, et al. 2007. Quantifying and mapping the human appropriation of net primary production in earth's terrestrial ecosystems. Proceedings of the National Academy of Sciences,（31）:12942-12947

Hamazaki T, Kaneko Y, Kuze A, et al. 2005. Fourier transform spectrometer for greenhouse gases observing satellite （GOSAT）. In:Komar G J, Wang J, Kimura T. Enabling Sensor and Platform Technologies for Spaceborne Remote Sensing. Bellingham:SPIE. 73-80,doi:10. 1117/12. 581198

Hansell D A, Carlson C A, Repeta D J, et al. 2009. Dissolved organic matter in the ocean:A controversy stimulates new insights. Oceanography,（22）:202-211

Hibbard K, Steffen W, Benedict S, et al. 2001. The carbon challenge:an IGBP-IHDP-WCRP joint project International Geosphere-Biosphere Programme （IGBP） International Human Dimensions Programme on Global Environmental Change （IHDP） and World Climate Research Programme （WCRP）

Holling C S. 1959. Some characteristics of simple types of predation and parasitism. The Canadian Entomologist,

（07）：385-398

Houghton J T. 1996. Climate change 1995：the science of climate change：contribution of working group I to the second assessment report of the Intergovernmental Panel on Climate Change. Cambridge：Cambridge University Press

Houghton R A. 1996. Land-use change and terrestrial carbon：the temporal record. In：Apps M J，Price D T. Forest ecosystem forest management and the global carbon cycle NATO ASI Series. Berlin：Springer-Verlag

Houghton R A. 1999. The annual net flux of carbon to the atmosphere from changes in land use 1850-1990. Tellus，51(2)：298-313

Houghton R A. 2003. Revised estimates of the annual net flux of carbon to the atmosphere from changes in land use and land management 1850-2000. Tellus，55(2)：378-390

Houghton R A，Woodwell G M. 1988. The global carbon cycle. Science，(241)：1736-1739

Houghton R A，Hobbie J E，Melillo J M，et al. 1983. Changes in the carbon content of terrestrial biota and soils between 1860 and 1980：a net release of CO_2 to the atmosphere. Ecological Monographs，(3)：235-262

Houghton R A，Skole D L，Nobre C A，et al. 2000. Annual fluxes of carbon from deforestation and regrowth in the Brazilian Amazon. Nature，(6767)：301-304

Hungate B A，Van G，Six K J，et al. 2009. Assessing the effect of elevated carbon dioxide on soil carbon：a comparison of four meta-analyses. Global Change Biology，(8)：2020-2034

Huxman T E，Cable J M，Ignace D D，et al. 2004a. Response of net ecosystem gas exchange to a simulated precipitation pulse in a semi-arid grassland：the role of native versus non-native grasses and soil texture. Oecologia，(2)：295-305

Huxman T E，Smith M D，Fay P A，et al. 2004b. Convergence across biomes to a common rain-use efficiency. Nature，(6992)：651-654

Inoue M，Morino I，Uchino O，et al. 2013. Validation of XCO_2 derived from SWIR spectra of GOSAT TANSO-FTS with aircraft measurement data. Atmospheric Chemistry and Physics Discussions，(13)：3203-3246

IPCC. 2007. Climate change 2007：Impacts，adaptation and vulnerability. Cambridge：Cambridge University Press

IPCC. 2014. Climate Change 2014：impacts adaptation and vulnerability. Cambridge：Cambridge University Press

Jiang F，Wang H W，Chen J M，et al. 2013. Nested atmospheric inversion for the terrestrial carbon sources and sinks in China. Biogeosciences，(10)：5311-5324

Joos F，Roth R，Fuglestvedt J S，et al. 2013. Carbon dioxide and climate impulse response functions for the computation of greenhouse gas metrics：a multi-model analysis. Atmospheric Chemistry and Physics，(13)：2793-2825

Jorge L，Sarmiento，Steven C，et al. 1999. A USCarbon cycles science plan. In：US Global Change Research Program

Kadygrov N，Maksyutov S，Eguchi N，et al. 2009. Role of simulated GOSAT total column CO_2 observations in surface CO_2 flux uncertainty reduction. Journal of Geophysical Research，(114)：D21208

Kaminski T，Heimann M. 2001. Inverse modeling of atmospheric carbon dioxide fluxes. Science，(294)：259

Karjalainen T，Kellomäki S，Pussinen A. 1995. Carbon balance in the forest sector in Finland during 1990-2039. Climatic Change，(4)：451-478

Kauppi P E，Mielikäinen K，Kuusela K. 1992. Biomass and carbon budget of European forests，1971 to 1990. Science，256(5053)：70-74

Keeling C D. 1960. The concentration and isotopic abundances of carbon dioxide in the atmosphere. Tellus,(2):200-203

Knapp A K, Beier C, Briske D D, et al. 2008. Consequences of more extreme precipitation regimes for terrestrial ecosystems. Bioscience,(9):811-821

Knapp A K,Fay P A,Blair J M. et al. 2002. Rainfall variability carbon cycling and plant species diversity in a mesic grassland. Science,(5601):2202-2205

Koch G W, Mooney H A. 1996. Response of terrestrial ecosystems to elevated CO_2:a synthesis and summary. Carbon Dioxide and Terrestrial Ecosystems,415-429,doi:10. 1016/B978-012505295-5/50023-9

Kohlmaier G W, Fischbach U. 1980. The carbon cycle:sources and sinks of atmospheric CO_2. Experientia,(36):769-780

LeBauer D S, Treseder K K. 2008. Nitrogen limitation of net primary productivity in terrestrial ecosystems is globally distributed. Ecology,(2):371-379

Leith H, Whittaker R H. 1975. Primary production of the biosphereEcological Studies. Berlin:Springer-Verlag

Lenton T M, Myerscough R J, Marsh R, et al. 2009. Using GENIE to study a tipping point in the climate system. Philosophical Transactions of the Royal Society A:Mathematical Physical and Engineering Sciences,(1890):871-884

Long S P, Ainsworth E A, Rogers A, et al. 2004. Rising atmospheric carbon dioxide:plants FACE the Future. Annual Review of Plant Biology,(55):591-628

Luo Y. 2007. Terrestrial carbon-cycle feedback to climate warming. Annual Review of Ecology Evolution and Systematics:683-712

Luo Y, Weng E. 2011. Dynamic disequilibrium of the terrestrial carbon cycle under global change. Trends in Ecology Evolution,(2):96-104

Luo Y, Hui D, Zhang D. 2006. Elevated CO_2 stimulates net accumulations of carbon and nitrogen in land ecosystems:a meta-analysis. Ecology,(1):53-63

Luo Y, Su B O, Currie W S, et al. 2004. Progressive nitrogen limitation of ecosystem responses to rising atmospheric carbon dioxide. Bioscience,(8):731-739

Luo Y, Wan S, Hui D, et al. 2001. Acclimatization of soil respiration to warming in a tall grass prairie. Nature,(6856):622-625

Magnani F, Mencuccini M, Borghetti M, et al. 2007. The human footprint in the carbon cycle of temperate and boreal forests. Nature,(7146):849-851

Malhi Y, Roberts J T, Betts R A, et al. 2008. Climate change deforestation and the fate of the Amazon. Science,(5860):169-172

Masek J G, Huang C, Wolfe R, et al. 2008. North American forest disturbance mapped from a decadal Landsat record. Remote Sensing of Environment,(6):2914-2926

Matamala R, Jastrow J D,Miller R M, et al. 2008. Temporal changes in C and N stocks of restored prairie:implications for C sequestration strategies. Ecological Applications,(6):1470-1488

Melillo J M, Steudler P A, Aber J D, et al. 2002. Soil warming and carbon-cycle feedbacks to the climate system. Science,(5601):2173-2176

Miller C E, Dinardo S J. 2012. CARVE: The carbon in arctic reservoirs vulnerability experiment. In: Aerospace conference 2012 IEEE, 1-17

Monteith J L. 1972. Solar radiation and productivity in tropical ecosystems. Journal of Applied Ecology, (9): 747-766

NASA. 2013. Arctic Sea Ice. http://earthobservatorynasagov/Features/WorldOfChange/sea_icephp

Negi J D S,Sharma S C, Sharma D C. 1988. Comparative assessment of methods for estimating biomass in forest ecosystem. Indian Forester,(3):136-144

Norby R J, Luo Y. 2004. Evaluating ecosystem responses to rising atmospheric CO_2 and global warming in a multifactor world. New Phytologist,(2):281-293

Oren R, Ellsworth D S, Johnsen K H, et al. 2001. Soil fertility limits carbon sequestration by forest ecosystems in a CO_2-enriched atmosphere. Nature,(6836):469-472

Pacala S W, Hurtt G C, Baker D, et al. 2001. Consistent land-and atmosphere-based US carbon sink estimates. Science,(5525):2316-2320

Pan Y, Chen J M, Birdsey R, et al. 2010. Age structure and disturbance legacy of North American forests. Biogeosciences Discussions,(1):979-1020

Parton W J, Schimel D S, Cole C V, et al. 1987. Analysis of factors controlling soil organic matter levels in Great Plains grasslands. Soil Science Society of American Journal, 51(5): 1173-1179

Pastor J, Aber J D, Melillo J M. 1984. Biomass prediction using generalized allometric regressions for some northeast tree species. Forest Ecology and Management,(4):265-274

Peters W, Jacobson A R, Sweeney C. 2007. An atmospheric perspective on North American carbon dioxide exchange. CarbonTracker Proceedings of the National Academy of Sciences,(104):18925-18930

Peters W, Krol M, Van der Werf G, et al. 2010. Seven years of recent European net terrestrial carbon dioxide exchange constrained by atmospheric observations. Global Change Biology,(16):1317-1337

Peters W, Miller J, Whitaker J, et al. 2005. An ensemble data assimilation system to estimate CO_2 surface fluxes from atmospheric trace gas observations. Journal of Geophysical Research: Atmospheres:110

Petit J R, Jouzel J, Raynaud D, et al. 1999. Climate and atmospheric history of the past 420,000 years from the Vostok ice core, Antarctica. Nature, 399(6735): 429-436

Peylin P, Law R, Gurney K, et al. 2013. Global atmospheric carbon budget:results from an ensemble of atmospheric CO_2 inversions. Biogeosciences,(10):5301-5360

Phillips O L, Aragão L E, Lewis S L, et al. 2009. Drought sensitivity of the Amazon rainforest. Science,(5919): 1344-1347

Piao S, Ciais P, Friedlingstein P, et al. 2008. Net carbon dioxide losses of northern ecosystems in response to autumn warming. Nature,(7174):49-52

Piao S, Fang J, Ciais P, et al. 2009. The carbon balance of terrestrial ecosystems in China. Nature, (7241): 1009-1013

Post W M. 1993. Organic carbon in soil and the global carbon cycle. Berlin:Springer Berlin Heidelberg

Post W M，Emanuel W R，Zinke P J，et al. 1982. Soil carbon pools and world life zones. Nature，(298)：156-159

Potter C，Tan P N，Kumar V，et al. 2005. Recent history of large-scale ecosystem disturbances in North America derived from the AVHRR satellite record. Ecosystems，(7)：808-824

Prather M J，Holmes C D，Hsu J. 2012. Reactive greenhouse gas scenarios：Systematic exploration of uncertainties and the role of atmospheric chemistry. Geophysical Research Letters，(39)：9

Prentice I C，Farquhar G D，Fasham M J R，et al. 2001. The carbon cycle and atmospheric carbon dioxide. In：Houghton J T，Ding Y，Griggs D J，et al. Climate change 2001：the scientific basis contribution of working group I to the third assessment report of the intergovernmental panel on climate change. Cambridge：Cambridge University Press

Raupach M R，Rayner P J，Barrett D J，et al. 2005. Model-data synthesis in terrestrial carbon observation：methods data requirements and data uncertainty specifications. Global Change Biology，(3)：378-397

Rayner P，Scholze M，Knorr W，et al. 2005. Two decades of terrestrial carbon fluxes from a carbon cycle data assimilation system (CCDAS). Global Biogeochemical Cycles，(19)：GB2026

Reich P B，Hobbie S E，Lee T，et al. 2006. Nitrogen limitation constrains sustainability of ecosystem response to CO_2. Nature，(7086)：922-925

Reuter M，Bovensmann H，Buchwitz M，et al. 2011. Retrieval of atmospheric CO_2 with enhanced accuracy and precision from SCIAMACHY：Validation with FTS measurements and comparison with model results. Journal of Geophysical Research：Atmospheres，116

Rivier L，Peylin P，Ciais P，et al. 2010. European CO_2 fluxes from atmospheric inversions using regional and global transport models. Climatic Change，(103)：93-115

Rozhkov V A，Wagner V B，Kogut B M，et al. 1996. Soil carbon estimates and soil carbon map for Russia. International Institute for Applied Systems Analysis Laxenburg

Running S W，Justice C O，Salomonson V，et al. 1994. Terrestrial remote sensing science and algorithms planned for EOS/MODIS. International journal of remote sensing，15(17)：3587-3620

Sacks W J，Schimel D S，Monson R K. 2007. Coupling between carbon cycling and climate in a high-elevation subalpine forest：a model-data fusion analysis. Oecologia，(1)：54-68

Schlesinger W H. 1977. Carbon balance in terrestrial detritus. Annual Review of Ecology and Systematics，(8)：51-81

Scholze M，Kaminski T，Rayner P，et al. 2007. Propagating uncertainty through prognostic carbon cycle data assimilation system simulations. Journal of Geophysical Research：Atmospheres；112(D17)

Shim C，Nassar R，Kim J. 2011. Comparison of model-simulated atmospheric carbon dioxide with GOSAT retrievals Asian. Journal of Atmospheric Environment，(5)：263-277

Strassmann K M，Joos F，Fischer G. 2008. Simulating effects of land use changes on carbon fluxes：past contributions to atmospheric CO_2 increases and future commitments due to losses of terrestrial sink capacity. Tellus B，(4)：583-603

Stuiver M. 1978. Atmospheric carbon dioxide and carbon reservoir changes. Science，(4326)：253-258

Sykes M T，Prentice I C. 1996. Carbon storage and climate change in Swedish forests：a comparison of static and dynamic modelling approaches. In：Forest Ecosystems Forest Management and the Global Carbon Cycle. Berlin：

Springer Berlin Heidelberg

Talagrand O. 1997. Assimilation of observations an introduction. Journal Meteorologial Society of Japan Series,(75):
81-99

Tansey K, Grégoire J M, Defourny P, et al. 2008. A new global multi-annual (2000-2007) burnt area product at
1 km resolution. Geophysical Research Letters,35:L01401,doi:10.1029/2007GL031567

Tarnocai C, Canadell J G, Schuur E A G, et al. 2009. Soil organic carbon pools in the northern circumpolar perma-
frost region. Global Biogeochemical Cycles,23(2):GB2023,doi:10.1029/2008GB003327

Tranvik L J, Downing J A, Cotner J B, et al. 2009. Lakes and reservoirs as regulators of carbon cycling and climate.
Limnology and Oceanography,(54):2298-2314

Turner M G, Collins S L, Lugo A L, et al. 2003. Disturbance dynamics and ecological response: the contribution of
long-term ecological research. BioScience,(1):46-56

Van Der Werf G R, Randerson J T, Collatz G J, et al. 2004. Continental-scale partitioning of fire emissions during the
1997 to 2001 El Nino/La Nina period. Science,(5654):73-76

Vinson T S, Kolchugina T P. 1993. Pools and fluxes of biogenic carbon in the former. Soviet Union Water Air and Soil
Pollution,(70):223-237

Vitousek P M. 2004. Nutrient cycling and limitation:Hawai'i as a model system. Princeton:Princeton University Press

Walker B, Steffen W. 1997. A synthesis of GCTE and related research. IGBP Science,(1):1-32

Walther G R, Post E, Convey P, et al. 2002. Ecological responses to recent climate change. Nature,(6879):389-395

Watson R T, Noble I R. 2002. Carbon and the science-policy nexus:the Kyoto challenge. In:Steffen W, Jäger J,
Carson D J, et al. Challenges of a changing earth. Berlin:Springer-Verlag. 57-64

Whittaker R H, Niering W A. 1975. Vegetation of the Santa Catalina Mountains, Arizona. V. Biomass, production,
and diversity along the elevation gradient. Ecology, (56): 771-790

Woodwell G M, Whittaker R H, Reiners W A, et al. 1978. The biota and the world carbon budget. Science,(4325):
141-146

Zhang H F, Chen B Z, Machida T, et al. 2014a. Estimating Asian terrestrial carbon fluxes from CONTRAIL aircraft
and surface CO_2 observations for the period 2006-2010. Atmospheric Chemistry and Physics,(11):5807-5824

Zhang S P, Zheng X G, Chen Z Q, et al. 2014b. Global Carbon Asimilation System using a Local Ensemble Kalman
Filer with Multiple Ecosystem Models. Journal of Geophysical Research: Biogeoscience, 119(11): 2171-2187

Zhou X, Talley M, Luo Y. 2009. Biomass litter and soil respiration along a precipitation gradient in southern Great
Plains, USA. Ecosystems,(8):1369-1380

Zupanski D, Denning A S, Uliasz M, et al. 2007. Carbon flux bias estimation employing maximum likelihood ensem-
ble filter (MLEF). Journal of Geophysical Research:Atmospheres,(112): D17107

第 2 章　数据同化方法

数据同化是一种在考虑数据的时空分布和背景场误差以及观测误差的基础上,在数值模型动态运行进程中融入新观测信息的方法(Talagrand,1997)。数据同化方法最早起源于大气和海洋领域,20 世纪 90 年代以后进入现代数据同化的时代。早期的同化方法主要有多项式插值、逐步订正法、松弛法以及 80～90 年代广泛使用的最优插值法。90 年代后,变分同化以及卡尔曼滤波的各种变形等现代同化方法占据了同化的主流(Daley,1991;Kalnay,2003)。数据同化方法可分为顺序同化和连续性同化。顺序同化包括集合卡尔曼滤波算法(Evensen,2007)和粒子滤波算法;而连续性同化则包括优插值法、三维变分以及四维变分(官元红等,2007;马建文等,2013)。现代同化算法又可以分为基于最优控制理论的变分方法和基于估计理论的集合卡尔曼滤波。目前大部分的同化方法都可以用如下的公式表示:

$$x^{\mathrm{opt}} = x_{\mathrm{b}} + W(y^{\mathrm{obs}} - y) \tag{2-1}$$

式中, x^{opt} 是最优值; x_{b} 是背景值; y^{obs} 是观测值; y 是模拟值;而 W 则是不同同化方法区别所在,不同方法求得不同后验权值(W)(邹晓蕾,2009)。

本章,我们首先对数据(包括观测数据与背景场)与模型的不确定性进行分析,然后回顾早期使用的数据同化方法,比较这些同化方法的改进,讲解三维与四维变分、卡尔曼滤波、集合卡尔曼滤波以及粒子滤波算法等现代同化算法,最后对这些同化算法的优劣进行分析比较与评述。

2.1　数据与模型的不确定性

科学研究就是不断揭示世界的自然规律,几千年来对自然真理的不断探讨与实践,尤其是牛顿发现万有引力的巨大成功,让人们越来越相信,对世界中的万事万物,都能找到确定性的规律。法国科学家拉普拉斯在 19 世纪甚至认为"宇宙是完全被决定的"。这一论断受到了强烈的批判,直到威纳海森堡 1926 年明确提出不确定性理论时,对拉普拉斯的批判才终止。这一理论揭示了观测物质的多个物理量不可能同时被准确获取,总会有准确与不准确的量值同时存在。所谓科学研究,就是为了最后总的观测准确度达到最高,这与同化存在共同的内在性。同化理论中主要存在 3 种误差:背景场误差或初值误差、观测误差以及分析误差,这 3 种误差一定程度上主导着数据同化的时间效率以及最终结果的准确度。

在使用模型前都有一个背景场或者被称为初始场,作为先验信息。气象领域的研究表明初值对最终结果的影响非常巨大,甚至有人认为,"气象就是解决初值问题"。Lorenz(1963)提出了著名的对初值具有高度敏感性的 Lorenz(1963)模型,之后又提出了 Lorenz 96 模型,这些类似于"蝴蝶效应"的模型在数据同化算法测试中被广泛应用。但是初始场通常根据经验或者之前的运算得出,与真实的数据还有一定的误差。近几十年来,遥感技术的巨大发展,大大改变了观测领域,数据同化可以被用来同化不同类型的多源资料,这些资料包括地基站点、雷达以及卫星观测等非常规观测资料。而实际情况中,观测值数目通常比同化模型中的变量要少,并且常常与我们的研究变量不匹配。为了将这些非常规数据与我们的研究变量协调起来,必须要有一个观测模型算子。由于仪器、观测条件等局限,观测数据与"真实数据"之间也有一定的差异,即观测误差,可以表示为

$$\hat{x} = x_{\mathrm{b}} + \varepsilon_{\mathrm{b}} \tag{2-2}$$

$$\boldsymbol{y}^{\mathrm{obs}} = H(\boldsymbol{X}_0) + \boldsymbol{\varepsilon}^{\mathrm{obs}}, \boldsymbol{y}^{\mathrm{obs}} \in \boldsymbol{O}^{m \times 1}, \boldsymbol{\varepsilon}^{\mathrm{obs}} \in \boldsymbol{O}^{m \times 1} \tag{2-3}$$

式中,$\hat{x}$ 表示真值;x_{b} 表示背景场;ε_{b} 表示背景场与真值的误差,背景误差协方差矩阵用 $\boldsymbol{B}$ 表示;$\boldsymbol{y}^{\mathrm{obs}}$ 是观测的非常规数据,是一个 $m \times 1$ 的矩阵;$\boldsymbol{X}_0$ 是模型待求解变量,其维度为 $n \times 1$;同化多源数据可能导致状态值与观测值之间的不匹配,这种不匹配可能是数据类型不一致,也可能是分辨率不一致,需要观测模型算子 $\boldsymbol{H}$,通过 $H(\cdot)$:$\boldsymbol{O}^{n \times 1} \times \boldsymbol{O}^{m \times 1} \to \boldsymbol{O}^{m \times 1}$ 这样的观测模型,将模型空间转换到观测空间。$\boldsymbol{\varepsilon}^{\mathrm{obs}}$ 表示观测误差;这一误差包括观测资料与真值的差异、观测算子导致的误差以及状态变量映射到观测空间上时所产生的代表性误差,写成矩阵的形式 $\boldsymbol{R}$。通过这两种误差控制同化进程的运行,最后得出分析误差,而数据同化的目的就是要使最后的分析误差 $\boldsymbol{A}$ 达到最小。

这 3 种误差中背景场误差受到最多的关注,因为同化的目的是把观测信息融入背景信息,所以是一种基于背景信息的方法。研究表明,ECMWF(European Centre for Medium Range Weather Forecasts,欧洲中期天气预报中心)的同化系统生成的分析场只有 15% 的信息来自观测资料,其余 85% 的信息来自于背景场(Cardinali et al. , 2004)。

2.2　早期同化方法

数据同化算法起源于气象领域,当时考虑是如何将气象观测资料采用图表的形式表示出来。1949 年,Panofsy(1949)提出了多项式插值法,主要是基于最小二乘法拟合包含观测点的区域多项式。Bergthorsson 等(1955)在 1955 年又引入了背景场分析方法,并提出客观分析中应该给出初值以弥补观测不足的观点。基于背景场分析提出了插值法的两种变形,即逐步订正法和最优插值法。

逐步订正法(successive corrections method,SCM)是 1959 年 Cressman 引入迭代之后产生的(Cressman,1959),通过观测增量的经验加权平均插值出单点值,其中,经验权重函数的设计是关键因素。这种方法的更新方程描述如下:

$$x_a(j) = x_b(j) + \frac{\sum_{i=1}^{n} w(i,j) \left[y^{obs}(i) - x_b(i) \right]}{\sum_{i=1}^{n} w(i,j)} \tag{2-4}$$

$$w(i,j) = f(R, d_{i,j}) \tag{2-5}$$

式中,$x_a(j)$ 是像元点 j 插值出的值;$x_b(j)$ 是待插值的第 j 个像元的背景值;$x_b(i)$ 是第 i 个像元的背景值,用来与相应像元的观测值对比求得待插值增量;$y^{obs}(i)$ 是第 i 个像元的观测值;$w(i,j)$ 是一个关于像元 i 与像元 j 之间的权重函数,这个经验函数公式(2-5)的具体形式主要由用户定义,R 是用户定义的搜索半径,$d_{i,j}$ 是像元 i 与像元 j 的距离。这个更新方程可以被用来迭代多次,加强最后更正的平滑性。

Gandin(1965)于 1963 年首次提出最优插值(optimum interpolation,OI)法。最优插值法的权重函数是基于观测数据和背景场,根据最小方差估计出的最优权重函数,避免了逐步订正法经验权重函数的任意性,其分析精度和可靠性得到显著提升,可以把各种非常规资料和常规资料在统计学意义上同化起来。但是气象领域通常不直接把最优插值法所得到的分析场作为初始场使用,因为这容易导致高频振荡,使得计算不稳定,因此,在使用最优插值法前需要进行一定的调整(spin up)使其达到平衡状态。

考虑到传统的同化方法只能运用于线性插值,而数据同化中大部分分析都涉及复杂的非线性问题,而且早期的同化方法,如最优插值法通常只能求得局部最优解,最终可能会导致各个解之间的不连续;并且,这种同化方法中的观测数据只能作用于现在和未来的分析和处理过程,并没有真正作为时间动态数据而得到试用。于是,以三维变分和四维变分为代表的变分同化的出现,很好地解决了这些问题。

2.3　变　分　方　法

变分法本身属于数学领域,用来求取泛函的极大或极小值。历史上最著名的关于变分法的例子就是伯努利于 310 年前提出的最速降线问题。Sasaki 在 1958 年首次将变分方法引入客观分析(将不规则分布的观测数据转换为规则的网格分布),把变分同化表示为代价函数的极小化问题。变分同化综合考虑动力约束、资料约束以及观测资料,并且结合变分理论不断迭代,求解出一个最优初始场。Ledimet 和 Talagrand 在 1986 年提出采用伴随模式求极值的方法,即四维同化方法。四维变分同化在三维变分同化的基础上加入时间维度的信息。相比一般的统计插值法,变分法有了更多的优势:①能解决更复杂的非线性约束问题;②代价函数中可以加入物理过程,并以模式自身作为动力约束,因此,变分同化具有物理一致性和动力协调性;③最优插值法首先需要进行观测值挑选,而变分法则可以直接使用观测数据(沈桐立,2010)。

2.3.1　三维变分算法

三维变分法(three-dimensional variational analysis,3Dvar)将不同时刻的观测场与从初始场正向计算得到的分析场进行比较,通过定义初始场的泛函,求解使得泛函极小的最优初始场。求解这个泛函的过程并不是直接求解,而是通过求解相应初始场的梯度函数,然后运用某种下降算法(如最速下降法、拟牛顿法、松弛法等),调整初始场使其达到最优。相比最优插值法,三维变分的数据分析量更大,但可以进行全局分析,避免了局部解不连续问题。

1. 三维变分的理论基础

三维变分事实上是基于贝叶斯滤波和最大似然估计的理论方法。设 $P(y^{obs})$ 和 $P_b(x)$ 分别表示观测资料和背景场的概率密度函数(probability density function,PDF),背景场误差、观测场误差互不相关,且它们的分布服从高斯分布,$P(x \mid y^{obs})$ 是加入观测的情况下得出的状态值,那么根据贝叶斯公式有:

$$P(x \mid y^{obs}) = \frac{P(y^{obs} \mid x)P_b(x)}{P(y^{obs})} = \frac{P(y^{obs} \mid x)P_b(x)}{\int (y^{obs} \mid x)P_b(x)\,dx} \tag{2-6}$$

高斯分布的概率密度函数(PDF)表示如下:

$$f(x) = \frac{1}{\sigma\sqrt{2\pi}}\exp\left[-\frac{(x-\mu)^2}{2\sigma^2}\right] \tag{2-7}$$

假设观测资料 $\boldsymbol{y}^{\mathrm{obs}}$ 和背景场 $\boldsymbol{x}_{\mathrm{b}}$ 的概率分布函数都服从高斯分布:

$$\boldsymbol{P}_{\mathrm{b}}(x) \sim \exp\left[-\frac{1}{2}(\boldsymbol{x}_{\mathrm{o}}-\boldsymbol{x}_{\mathrm{b}})^{\mathrm{T}}\boldsymbol{B}^{-1}(\boldsymbol{x}_{\mathrm{o}}-\boldsymbol{x}_{\mathrm{b}})\right] \tag{2-8}$$

$$P(y^{\mathrm{obs}}\mid x) \sim \exp\left[-\frac{1}{2}(\boldsymbol{y}-\boldsymbol{y}^{\mathrm{obs}})^{\mathrm{T}}\boldsymbol{R}^{-1}(\boldsymbol{y}-\boldsymbol{y}^{\mathrm{obs}})\right] \tag{2-9}$$

式中, $\boldsymbol{B}$ 和 $\boldsymbol{R}$ 分别表示 $P_{\mathrm{b}}(x)$ 和 $P(y^{\mathrm{obs}}\mid x)$ 的协方差阵。当式(2-6)取得概率分布最大时,即极大似然估计值,最后可以得到如下代价函数(cost function):

$$J(\boldsymbol{x}_0) = \frac{1}{2}(\boldsymbol{x}_0-\boldsymbol{x}_{\mathrm{b}})^{\mathrm{T}}\boldsymbol{B}^{-1}(\boldsymbol{x}_0-\boldsymbol{x}_{\mathrm{b}}) + \frac{1}{2}\left[\boldsymbol{H}(\boldsymbol{x}_0)-\boldsymbol{y}^{\mathrm{obs}}\right]^{\mathrm{T}}\boldsymbol{R}^{-1}\left[\boldsymbol{H}(\boldsymbol{x}_0)-\boldsymbol{y}^{\mathrm{obs}}\right]$$

$$\tag{2-10}$$

式中, x_0 代表需要求解的变量,式(2-9)中的 $\boldsymbol{y}$ 使用观测算子 $\boldsymbol{H}(\cdot)$ 将模拟值投影到观测空间的值来表示。该公式也可以解释为,假定背景场和误差协方差已知,最后要使得总的分析误差协方差最小。

2. 代价函数求解

代价函数求解的目的是为了寻找一个最优初始场 x_0,使代价函数取得最小。代价函数的求解主要通过梯度函数,即式(2-11)进行迭代求解:

$$\nabla J = \nabla J_{\mathrm{b}} + \nabla J_o = \boldsymbol{B}^{-1}(\boldsymbol{x}_0-\boldsymbol{x}_b) + \tilde{\boldsymbol{H}}^{\mathrm{T}}\boldsymbol{R}^{-1}\left[\boldsymbol{H}(\boldsymbol{x}_0)-\boldsymbol{y}^{\mathrm{obs}}\right] \tag{2-11}$$

式中, $\tilde{\boldsymbol{H}}$ 是 $\boldsymbol{H}$ 这个观测算子的切线性模式; $\tilde{\boldsymbol{H}}^{\mathrm{T}}$ 是这个切线性模式的伴随算子。迭代次数可以人为设定,也可以设定 ∇J 减小的限值来停止。

事实上,通常观测模型高度非线性以及状态量高纬等原因,梯度函数式(2-11)很难直接求解,通常通过切线性方程和伴随模式求解(马建文等,2013)。代价函数中包括背景误差协方差 $\boldsymbol{B}$ 和观测误差协方差 $\boldsymbol{R}$,求解困难主要在于背景误差协方差矩阵 $\boldsymbol{B}$,并且由于观测误差通常被设定为对角矩阵,变量间的相关信息就只能由背景误差协方差矩阵提供,所以背景误差协方差对最终最优估计值至关重要。背景误差协方差通常是个很大的矩阵,并且是空间相关以及随着时间动态演变的,涉及求逆以及存储的问题,而观测误差协方差矩阵 $\boldsymbol{R}$ 假设观测量之间是不相关的,通常被设定为一个对角矩阵。背景误差协方差可以使用观测值和背景值的残差做统计分析得出,但这是假设观测值作为真值,而观测值通常总带有误差,同时,这种方法在观测值缺少的地区误差较大。除此之外,常用的还有经验公式法、NMC 法、谱分析法以及集合估计法(Buehner,2005)等。NMC 法假定背景误差协方差在 48h 内变化不大,认为背景误差的空间相关性和同一时刻不同时效的预报值之间的积分差额非常类似,故用其替代背景误差。如下(Parrish and Derber,1992;Hossen and Navon,2011),

$$\boldsymbol{B} \approx \frac{1}{2} \left[(\boldsymbol{x}^{t_1} - \boldsymbol{x}^{t_2})(\boldsymbol{x}^{t_1} - \boldsymbol{x}^{t_2})^{\mathrm{T}} \right] \tag{2-12}$$

区域上,一般取 12 h 和 14 h 预报场的插值,此时式(2-12)中的 t_1 取 14,t_2 取 12;全球模式则取 24 h 和 48 h 的插值,此时式(2-12)中的 t_1 取 48,t_2 取 24。但是该方法求出来的方差通常带有偏差。

代价函数中另外一个很难求的是观测算子,算子根据不同的物理模型有不同的表达形式,通常是一个极大的非线性矩阵的形式。为了求解方便,可以把这个非线性模型做切线性处理,其方法是采用如下的近似:

$$H(\boldsymbol{X}_0) - H(\boldsymbol{X}_b) \approx \widetilde{H}(\boldsymbol{X}_0 - \boldsymbol{X}_b) \tag{2-13}$$

式中,$\widetilde{H}$ 是对 H 做过切线性处理后的切线性模型。这个切线性近似条件推导如下,首先对一个加入增量 $\Delta\boldsymbol{h}$ 的 $H(\boldsymbol{X}_0 + \Delta\boldsymbol{h})$ 进行泰勒展开:

$$H(\boldsymbol{X}_0 + \Delta\boldsymbol{h}) = H(\boldsymbol{X}_0) + \widetilde{H}(\Delta\boldsymbol{h}) + O(\|\Delta\boldsymbol{h}\|) \tag{2-14}$$

$$\boldsymbol{y}^{\mathrm{obs}} - H(\boldsymbol{X}_0) \approx \boldsymbol{y}^{\mathrm{obs}} - H(\boldsymbol{X}_0 - \boldsymbol{X}_b) + \widetilde{H}(\boldsymbol{X}_b) \tag{2-15}$$

式中,$O(\|\Delta\boldsymbol{h}\|)$ 代表二次方以上的项,将二次方以上的项约去只取前面的低次项。再经过各种变换就能得到切线性模式方程。

三维变分的求解大概过程如下:①首先根据常规观测资料获得一个初始场 $x_{0,i}$,此时 i 为 0;②顺着时间轴正向积分,取得每一步积分解;③计算代价函数值,并且求解代价函数的梯度 $\nabla J(x_{0,i})$;④检查此次梯度是否达到收敛条件,若是,则此次 $x_{0,i}$ 即所求最优初始场,否则,执行第⑤步;⑤选择梯度下降法,确定最优步长,计算得到改正后的初始场 $x_{0,i+1}$,回到第②步进行下一次循环。

3. 三维变分与最优插值法

对式(2-10)求 $\boldsymbol{x}$ 导:

$$\frac{\partial J(\boldsymbol{x}_0)}{\partial \boldsymbol{x}_0} = \boldsymbol{B}^{-1}(\boldsymbol{x}_0 - \boldsymbol{x}_b) - \boldsymbol{H}^{\mathrm{T}}\boldsymbol{R}^{-1}\left[\boldsymbol{y}^{\mathrm{obs}} - H(\boldsymbol{x}_0)\right] \tag{2-16}$$

为 $J(\boldsymbol{x}_0)$ 取得极值，$\dfrac{\partial J}{\partial \boldsymbol{x}_0}$ 在 0 上取得极值（Zhou et al.，1997）：

$$\frac{\partial J(\boldsymbol{x}_0)}{\partial \boldsymbol{x}_0} = 0 = \boldsymbol{B}^{-1}(\boldsymbol{x}' - \boldsymbol{x}_b) - \boldsymbol{H}^{\mathrm{T}}\boldsymbol{R}^{-1}[\boldsymbol{y}^{\mathrm{obs}} - \boldsymbol{H}(\boldsymbol{x}')] \tag{2-17}$$

$$(\boldsymbol{B}^{-1} + \boldsymbol{H}^{\mathrm{T}}\boldsymbol{R}^{-1}\boldsymbol{H})\boldsymbol{x}' = \boldsymbol{B}^{-1}\boldsymbol{x}_b - \boldsymbol{H}^{\mathrm{T}}\boldsymbol{R}^{-1}\boldsymbol{y}^{\mathrm{obs}} \tag{2-18}$$

$$\boldsymbol{x}' = \boldsymbol{x}_b + (\boldsymbol{B}^{-1} + \boldsymbol{H}^{\mathrm{T}}\boldsymbol{R}^{-1}\boldsymbol{H})^{-1}\boldsymbol{H}^{\mathrm{T}}\boldsymbol{R}^{-1}[\boldsymbol{y}^{\mathrm{obs}} - \boldsymbol{H}(\boldsymbol{x}_0)] \tag{2-19}$$

所以，三维变分的权重 $\boldsymbol{W}_{\mathrm{3D\_VAR}} = (\boldsymbol{B}^{-1} + \boldsymbol{H}^{\mathrm{T}}\boldsymbol{R}^{-1}\boldsymbol{H})^{-1}\boldsymbol{H}^{\mathrm{T}}\boldsymbol{R}^{-1}$，而 OI 法的权重为 $\boldsymbol{W}_{\mathrm{OI}} = (\boldsymbol{B}\boldsymbol{H}^{\mathrm{T}})(\boldsymbol{R} + \boldsymbol{H}\boldsymbol{B}\boldsymbol{H}^{\mathrm{T}})^{-1}$，事实上这两个权重是等价的。OI 法可以看作为三维变分一个特殊形式，主要用于线性问题的情形。不同点在于：OI 需要先进行局域数据挑选，而三维变分则不需要。并且三维变分的背景误差协方差矩阵是更全局的方式，而 OI 法中则是使用局部近似。OI 法中难以表现模型变量与观测变量间复杂的非线性关系，而三维变分可以。

2.3.2　四维变分算法

三维变分同化只使用特定时刻观测变量，而四维变分算法（four-dimensional variational analysis，4Dvar）在三维同化的基础上引入了预测算子，是三维变分在时间尺度上的扩展。Talagrand 和 Coutier（1987）将伴随模型引入变分方法中，进而促进四维变分的发展，极大地简化了四维变分的求解。与三维变分一样，四维变分在同化过程中不断加入常规或非常规的资料，它是把不同时间、不同地点、不同类型的资料融入到随时间演变的模式状态的过程中，不断迭代调整，最终求得最优初始场（沈桐立，2010）。不同于三维变分的是，四维变分同化的代价函数中，观测算子包含了预测模型，相比三维变分扩展了时间维度上的分析[*]。

1. 四维变分的理论基础

根据一阶马尔可夫过程的 Chapman-Kolmogorov 方程，下一时刻的状态预报概率如下：

$$P(X_n \mid Y_{1;n-1}^{\mathrm{obs}}) = \int P(X_n \mid X_{n-1}) P(X_{n-1} \mid Y_{1;n-1}^{\mathrm{obs}}) \, \mathrm{d}X_{n-1} \tag{2-20}$$

---

[*] Bouttier F，Courtier P. 1999. Data assimilation concepts and methods. In：Meteor-ological Training Course Lecture Series，ECMWF. March

式中，$P(X_n \mid X_{n-1}) = P[X_n - M_n(X_{n-1})]$，$M_n$ 是第 n 时刻运行的预测模型。将公式（2-20）代入式（2-6）并取最大似然估计得到四维变分的代价函数如下：

$$J(\boldsymbol{x}_0) = \frac{1}{2}(\boldsymbol{x}_0 - \boldsymbol{x}_0^{\mathrm{b}})^{\mathrm{T}} \boldsymbol{B}^{-1}(\boldsymbol{x}_0 - \boldsymbol{x}_0^{\mathrm{b}}) + \frac{1}{2}\sum_{n=0}^{N}\{\boldsymbol{H}_n\{\boldsymbol{M}_n[\cdots\boldsymbol{M}_0(\boldsymbol{x}_0)]\} - \boldsymbol{y}_n^{\mathrm{obs}}\}^{\mathrm{T}}$$

$$\boldsymbol{R}_n^{-1}\{\boldsymbol{H}_n\{\boldsymbol{M}_n[\cdots\boldsymbol{M}_0(\boldsymbol{x}_0)]\} - \boldsymbol{y}_n^{\mathrm{obs}}\} \tag{2-21}$$

式中，$\boldsymbol{x}_0$ 是初始时刻的状态；$\boldsymbol{x}_0^{\mathrm{b}}$ 是初始的背景场；$\boldsymbol{y}_n^{\mathrm{obs}}$ 是第 n 时刻的观测值；$M(t_0, t_i)(\boldsymbol{x}_0)$ 是非线性模型在 t_i 时刻预报的状态量；$\boldsymbol{H}_i$ 是 t_i 时刻把状态变量映射到观测空间的观测算子；$\boldsymbol{B}$ 是背景误差协方差；$\boldsymbol{R}_n^{-1}$ 是第 n 时刻的观测误差协方差（Peters et al.，2005）。由于引入了预测模型，必然会带入一定的模型误差 Q，在弱约束的四维变分代价函数中包括这个模型误差 Q，而强约束的四维变分则假定预测模型是完美的，即不考虑模型误差 Q（Ménard，2010）。

2. 代价函数求解

四维变分求解是一个非线性约束条件下最优化问题。针对四维变分的求解采取的是类似三维变分的求解算法，通过使代价函数的梯度最小，得到最优状态值。这个求解过程，理论上是 Euler-Lagrange 方程的求解，然而，真实情况下并不能对这些方程直接求解，所以，必须借助伴随方法，根据偏微分方程的最优控制理论求解。

伴随方程是最优控制理论中的重要工具，其解决的问题主要在于：如何控制一个数值过程的输入参数才能使其输出参数达到最优。给定一个 Hilbert 空间的线性算子 L，L 的伴随是线性算子 L^*，它们间的关系如下：

$$\langle L_{x,y} \rangle = \langle \boldsymbol{x}, L_y^* \rangle \tag{2-22}$$

对于一个简单的矩阵 $\boldsymbol{A}$，以及关于这个矩阵的函数 $J = \frac{1}{2}\boldsymbol{x}^{\mathrm{T}}\boldsymbol{A}\boldsymbol{x}$，我们知道，它的导数是 $\frac{\partial J}{\partial x} = \boldsymbol{A}\boldsymbol{x}$，而当 $\boldsymbol{x}$ 是一个关于 $\boldsymbol{y}$ 与 $\boldsymbol{x}$ 的函数的时候，能得出一个嵌套的函数 $J = \frac{1}{2}\boldsymbol{y}^{\mathrm{T}}\boldsymbol{A}\boldsymbol{y}$，其中，$\boldsymbol{y} = f(\boldsymbol{x})$，我们有 $\frac{\partial J}{\partial x} = \left[\frac{\partial \boldsymbol{y}}{\partial \boldsymbol{x}}\right]^{\mathrm{T}}\boldsymbol{A}\boldsymbol{y}$。四维变分的代价函数类似于这样的一个嵌套函数，对它进行 x 求导，将 J 写为 $J = JB + JO$。右边背景值与状态量的分析部分 JB 三维变分几乎一样，右边部分求导分析。

$$\frac{\partial\{\boldsymbol{H}_n[\boldsymbol{M}(0,n)(\boldsymbol{x}_0)] - \boldsymbol{y}_n^{\mathrm{obs}}\}}{\partial \boldsymbol{x}_0} = \frac{\partial \boldsymbol{H}}{\partial \boldsymbol{x}_n}\frac{\partial \boldsymbol{M}}{\partial \boldsymbol{x}_0} = \boldsymbol{H}_n\boldsymbol{M}_n\cdots\boldsymbol{M}_0 \tag{2-23}$$

式中，$\boldsymbol{H}_n$ 和 $\boldsymbol{M}_n$ 分别是观测算子 $\boldsymbol{H}$ 与预测算子 $\boldsymbol{M}$ 的线性化形式。将其代入公式 $\frac{\partial J}{\partial x} =$

$\left[\dfrac{\partial y}{\partial x}\right]^{\mathrm{T}} Ay$，可以得出最后的导数函数：

$$\frac{\partial J\big[x(t_0)\big]}{\partial x}=B^{-1}\big[x(t_0)-x^{\mathrm{b}}(t_0)\big]+H_0^{\mathrm{T}} d_0$$
$$+M_0^{\mathrm{T}}\big[H_1^{\mathrm{T}} d_1+M_1^{\mathrm{T}}(H_2^{\mathrm{T}} d_2+\cdots+M_n^{\mathrm{T}} H_n^{\mathrm{T}} d_n)\cdots\big]\qquad(2\text{-}24)$$

式中，$d_n=R_n^{-1}\big[H_n(x_n)-y_n^{\mathrm{obs}}\big]$。求解最小化的过程中，借助伴随矩阵寻找相应于初始状态的梯度信息来降低目标函数值，即向前积分预报模式一次，向后积分伴随方程到初始时候的代价函数梯度调整初始场，返回向前模式。循环这个过程，进而达到收敛条件。

变分资料同化的目的就是通过用模式的动力结构的约束来确定接近观测资料的模式的最优初始场，解的最优性可以用表示模式解和观测资料差异的目标函数来衡量。通过最小化目标函数及目标函数的梯度来调整初估场（该梯度可被作为初始条件空间中的下降步长对初始场进行修正），最后得到距离函数达到极小的初始场（沈桐立，2010）。首先需要对方程进行切线性处理，解得切线性形式，然后对得到的切线性模式直接推导出其伴随模式进行求解，切线性模式的正确性检验公式如下：

$$R=\frac{\|M(x+\alpha\Delta x)-M(x)\|^{1/2}}{\alpha\|M(x)\Delta x\|^{1/2}}=1+O(\alpha)\qquad(2\text{-}25)$$

3. 四维变分与三维变分的比较

三维变分中背景误差协方差是提前设定的，是静态的，四维变分中背景误差协方差是由切线性模式和伴随模式隐式发展。

根据最优化理论的泛函求极值方法，只要求出代价函数关于 x_0 的梯度，就可以采用合适的下降法使代价函数减小，从而求出最优 x_0。但是对于复杂的方程，通过引进伴随方程来求解代价函数，这样就把模式本身所满足的物理定律作为约束条件，解决了同化后初始场与模式不协调的问题（马建文等，2013）。

一般是模式状态与观测资料的"距离"对一有限时间的积分或求和，将动力模式作为约束条件，通过不断调整初始条件（或边界条件或外加强迫场）来使距离函数 J 达到最小，从而达到同化的目的。

四维变分的缺点：首先，相比于卡尔曼滤波等算法，四维变分的计算量非常大；其次，四维变分不得不计算海森矩阵的转置，因此而消耗大量的计算量与内存；最后，四维变分需要对模型求解切线性伴随模型，而这通常是非常困难的（Ménard，2010）。

2.4　卡尔曼滤波算法

1960 年由数学家 R. E. Kalman 提出卡尔曼滤波算法,主要用于解决离散的线性随机动力系统的滤波与预报问题。卡尔曼滤波是基于最小二乘法推导出来的,最小二乘法最早由高斯提出,被用来解决天文学中的问题。这是一种基于一定观测数据来选取函数表达式,使它与这些观测值与函数曲线尽可能相近的办法。卡尔曼滤波的基本思想是:首先进行模式状态的预报,然后引入观测数据,根据观测数据对模式状态进行重新分析,接着再进行预报,进而完成预报—分析—再预报的循环过程(朱立娟,2005)。所以,卡尔曼滤波算法是一种随时间动态演变的顺序数据同化思想,相比之前的同化算法以及变分算法,卡尔曼滤波的背景误差协方差随着时间积分自动估计,在融入观测数据的情况下,取得当前状态变量与预报状态变量的最优估计。

卡尔曼滤波包括预测与分析两个部分,总共 5 个方程,表达如下(Evensen,2007):

预测部分:

$$\boldsymbol{x}_n^{\mathrm{f}} = \boldsymbol{M}\boldsymbol{x}_{n-1}^{\mathrm{a}} \tag{2-26}$$

$$\boldsymbol{P}_n^{\mathrm{f}} = \boldsymbol{M}\boldsymbol{A}_{n-1}\boldsymbol{M}^{\mathrm{T}} + \boldsymbol{Q}_{n-1} \tag{2-27}$$

式(2-26)是状态变量的预测,$\boldsymbol{x}_n^{\mathrm{f}}$ 表示预测算子 $\boldsymbol{M}$ 前向积分获得第 n 时刻的状态量的预测值;含有误差的预测模型是:$\hat{\boldsymbol{x}}_n = \boldsymbol{M}\boldsymbol{x}_{n-1} + \boldsymbol{v}_n$,$\hat{\boldsymbol{x}}_n$ 是 n 时刻真实的状态值,$\boldsymbol{v}_n$ 是无偏系统噪声。式(2-27)是预测误差协方差 $\boldsymbol{P}_n^{\mathrm{f}}$ 的预报,该误差可认为由两部分组成,一部分是初值以及其模型演进所带来的误差部分,另外一部分是模型在第 n 时刻的预测误差 $\boldsymbol{Q}_{n-1}$,这种误差由模型自身原因导致,如驱动数据以及边界条件的误差,模型参数的误差等(梁顺林等,2013),$\boldsymbol{A}_{n-1}$ 是前一时刻的分析误差,由式(2-29)得到,模型预测误差是:$\boldsymbol{Q}_{n-1} = \varepsilon[\boldsymbol{v}_n\boldsymbol{v}_n^{\mathrm{T}}]$。

分析部分:

$$\boldsymbol{K}_n = \boldsymbol{P}_n\boldsymbol{H}^{\mathrm{T}}(\boldsymbol{H}\boldsymbol{P}_n\boldsymbol{H}^{\mathrm{T}} + \boldsymbol{R}_n)^{-1} \tag{2-28}$$

$$\boldsymbol{x}_n^{\mathrm{a}} = \boldsymbol{x}_n^{\mathrm{f}} + \boldsymbol{K}_n(\boldsymbol{y}_n^{\mathrm{obs}} - \boldsymbol{H}\boldsymbol{x}_n^{\mathrm{f}}) \tag{2-29}$$

$$\boldsymbol{A}_n = (1 - \boldsymbol{K}_n\boldsymbol{H})\boldsymbol{P}_n \tag{2-30}$$

式(2-27)中,$\boldsymbol{K}_n$ 表示第 n 时刻的卡尔曼增益,$\boldsymbol{H}$ 是观测算子,用来将状态变量投影到观测空间,该过程方程描述为 $\boldsymbol{y}_n = \boldsymbol{H}\boldsymbol{x}_n + \boldsymbol{w}_n$,$\boldsymbol{y}_n$ 表示真实的值,$\boldsymbol{w}_n$ 表示投影转换的观

测误差，所以观测误差协方差 $\boldsymbol{R}_n = \boldsymbol{\varepsilon}[\boldsymbol{v}_n \boldsymbol{v}_n^{\mathrm{T}}]$；对于状态量的后验调整可使用式(2-28)，该式与 OI 以及变分同化中的更新公式相同，都是预测值(或背景值)加上观测值的增加乘以一定权重 K 得到，卡尔曼滤波的推导是基于最小二乘分析法；式(2-29)最后得出一个分析误差协方差，可用来预测下一时刻的预测误差协方差。

以上分析出现了 4 个误差矩阵：$\boldsymbol{P}$、$\boldsymbol{Q}$、$\boldsymbol{R}$ 和 $\boldsymbol{A}$。其中预测误差方差 $\boldsymbol{P}$ 和分析误差协方差 $\boldsymbol{A}$ 都是随积分时间不断演进，只有预测模型误差 $\boldsymbol{Q}$ 与观测误差协方差 $\boldsymbol{R}$ 是预先给定的。假定 $\boldsymbol{Q}$ 为 0 时，即假定预报算子没有误差，最终 $\boldsymbol{P}$ 和卡尔曼增益都会取为 0；而当 $\boldsymbol{R}$ 为 0 时，即假定预测没有误差，则卡尔曼增益总是取 1(梁顺林等，2013)，四维变分与三维变分中主要是由背景误差协方差 $\boldsymbol{B}$ 与观测误差协方差 $\boldsymbol{R}$ 控制，而卡尔曼滤波总是被 $\boldsymbol{Q}$ 与 $\boldsymbol{R}$ 的取值决定，因为 $\boldsymbol{P}$(相当于变分中的 $\boldsymbol{B}$)是随着时间积分不断演进的，而变分中是一个给定的值。Decourt 和 Madsen(2006)发现在平稳的条件下，$\boldsymbol{K}$ 近似为 $\boldsymbol{Q}/\boldsymbol{R}$。

卡尔曼滤波整个流程如图 2-1 所示。

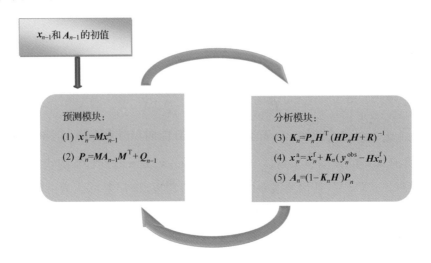

图 2-1　同化循环过程

滤波器"smoother"是指即使用了过去观测数据又使用了未来观测数据的模型。卡尔曼滤波是典型的滤波器，而四维变分同样可以被视为滤波器(Lahoz et al.，2010)。四维变分同化可以看做一个类似于 $\boldsymbol{Q}$ 值为 0(预测模型不存在误差)，$\boldsymbol{P}_n$ 取 $\boldsymbol{P}_0$(预测误差协方差总是取初始时刻的值)时的卡尔曼滤波，此时得出的状态值是一样的(吕咸青和刘文剑，2001)。

传统的卡尔曼滤波主要针对线性模型提出，而现实情况是，模型大多是非线性模式，通常的做法是对非线性模型进行线性化处理，也就是扩展的卡尔曼滤波(extended Kalman filter,EKF)。扩展卡尔曼滤波算法在预测状态变量时使用前向非线性模式,在协方差矩阵的计算中使用雅克比矩阵以及伴随矩阵的方法求解。针对式(2-26)引入一个状态扰动,可以得到如下方程:

$$x_n + \delta x_n = M(x_{n-1} + \delta x_{n-1}) = M x_{n-1} + L_{n-1} \delta x_{n-1} + O(\|\delta x\|^2) \qquad (2\text{-}31)$$

式中,δx_n 是加入状态变量的扰动;L_{n-1} 是切线性矩阵用来将第 $n-1$ 时刻的扰动转换到第 n 时刻。对于预测模型有:

$$\varepsilon_n = M x_{n-1} + \mu_n - M x_{n-1}^a = M(x_{n-1}^a + x_{n-1} - x_{n-1}^a) + \mu_n - M x_{n-1}^a$$
$$\approx L_{n-1} \varepsilon_{n-1}^a + \mu_n \qquad (2\text{-}32)$$

所以,可以将式(2-27)变为

$$P_n = L_{n-1} A_{n-1} L_{n-1}^{\mathrm{T}} + Q_{n-1} \qquad (2\text{-}33)$$

Evensen(1992)最早把 EKF 运用在海洋同化实验中,并且发现非线性误差传播方程的线性化处理导致了不受控制的线性不稳定(unbounded linzear instability)(De Lannoy et al. , 2007)。

无论是卡尔曼滤波还是扩展卡尔曼滤波在处理气象模式、陆面模式这样的高维并且非线性模型时都面临诸多问题。首先,当模型算子有 n 个未知状态量时,误差协方差是 n^2 维,在时间上计算这样的误差协方差也需要 $2n$ 倍的时间开支;EKF 线性化处理时需要对预测算子和观测算子求解雅克比矩阵,这种复杂系统的线性化求解非常困难。其次,扩展卡尔曼滤波线性化处理只是原算子的一阶近似,丢失了高阶信息,进而引入大的误差导致滤波的"发射",所以实际使用中 EKF 还有很多缺点。

2.5 集合卡尔曼滤波算法

集合卡尔曼滤波算法最早由 Evensen(1994)在海洋数据同化中提出,Burgers 等(1998)提出将卡尔曼滤波与集合预报结合起来。这是一种使用有限的集合并且基于蒙特卡洛算法(Monte Carlo,MC)来估计误差协方差的方法(Evense,1994;Hamill and Snyder,2000),通过对背景场和观测值加入一定的扰动生产一定数目的集合,并且得到相应的分析值,然后基于这些分值的差异作为分析样本统计出误差协方差矩阵。集合卡尔曼滤波算法最大优势是不需要发展切线性和伴随模式,并且可以显式地提供集合预报的初始扰动。对于 $n-1$ 时刻的 k 个集合 $X = [x_{1,n-1}^a, x_{2,n-1}^a, \cdots,$

$x_{k-1,n-1}^{a}, x_{k,n-1}^{a}$], 有如下预测状态变量:

$$\boldsymbol{x}_{k,n}^{f} = \boldsymbol{M} \boldsymbol{x}_{k,n-1}^{a} + \in_{k,n-1} \tag{2-34}$$

式中, $\boldsymbol{M}$ 是预测模型; $\in_{k,n-1}$ 是相应的误差项,通过这些随机模拟的集合可以估计样本的误差协方差:

$$\boldsymbol{P}_{n}^{f} = \frac{1}{K-1} \sum_{i=1}^{K} [\boldsymbol{x}_{k,n}^{f} - \overline{\boldsymbol{x}_{n}^{f}}][\boldsymbol{x}_{k,n}^{f} - \overline{\boldsymbol{x}_{n}^{f}}]^{T} \tag{2-35}$$

式中, $\boldsymbol{x}_{k,n}^{f}$ 是第 n 时刻第 k 个集合的预报值; $\overline{\boldsymbol{x}_{n}^{f}} = \frac{1}{k} \sum_{i=1}^{k} x_{k,n}^{f}$;理论上,随着集合数目 N 的上升,蒙特卡洛采样误差呈 $1/\sqrt{N}$ 比例下降(Evensen,2007),但是集合数目的上升也带来更大的计算量与内存量。对于集合卡尔曼同样可以得到类似式(2-29)的状态更新方程:

$$\boldsymbol{x}_{k,n}^{a} = \boldsymbol{x}_{k,n}^{f} + \boldsymbol{P}_{n}^{f} \boldsymbol{H}^{T} (\boldsymbol{H} \boldsymbol{P}_{n}^{f} \boldsymbol{H}^{T} + \boldsymbol{R}_{n-1})^{T} (\boldsymbol{y}_{k,n}^{obs} - \boldsymbol{H} \boldsymbol{x}_{k,n}^{f}) \tag{2-36}$$

$$\boldsymbol{P}_{n}^{f} \boldsymbol{H}^{T} = \frac{1}{K-1} \sum_{i=1}^{K} [\boldsymbol{x}_{k,n}^{f} - \overline{\boldsymbol{x}_{k}^{f}}][\boldsymbol{H}(\boldsymbol{x}_{k,n}^{f}) - \boldsymbol{H}(\overline{\boldsymbol{x}_{k}^{f}})]^{T} \tag{2-37}$$

式中, $\boldsymbol{M}$ 和 $\boldsymbol{H}$ 分别是模型算子和观测算子; $\boldsymbol{R}$ 是观测误差协方差,可以通过加入符合高斯分布上一时刻 $n-1$ 时刻的误差扰动观测集合样本与它们均值的统计分析得到: $\boldsymbol{R}_{n-1} = \frac{1}{k-1} \sum_{i=1}^{N} [\boldsymbol{y}_{k,n-1}^{obs} - \overline{\boldsymbol{y}_{k,n-1}^{obs}}][\boldsymbol{y}_{k,n-1}^{obs} - \overline{\boldsymbol{y}_{k,n-1}^{obs}}]^{T}$,其中 $\boldsymbol{y}_{k,n}^{obs}$ 是第 n 时刻第 k 个集合的观测值; $x_{k,n}^{a}$ 是第 n 时刻第 k 个集合改正后得到的值。分析后的误差协方差可以按如下公式计算:

$$\boldsymbol{A}_{n} = \frac{1}{K-1} \sum_{i=1}^{K} [\boldsymbol{x}_{k,n}^{a} - \overline{\boldsymbol{x}_{k}^{a}}][\boldsymbol{x}_{k,n}^{a} - \overline{\boldsymbol{x}_{k}^{a}}]^{T} \tag{2-38}$$

集合大小根据情况在几十个到几百个之间,随着集合数目的增加估计精度越高,然而计算量也更大,集合数目过少,其平均值又不能真实地代表客观状态,如何选择更加合适的集合数目还需要更多的研究。相比于 OI 与三维变分算法来说,集合卡尔曼滤波的计算量可能是它们计算量的集合数目倍数,不过集合卡尔曼滤波算法适用于非线性模型,不需要对模型算子进行切线性化处理,也不需要求解复杂的伴随矩阵,所以是一种适用于业务运行的同化算法,再者,集合卡尔曼滤波不仅可以得出分析值,还可以给出分析值的误差。集合卡尔曼滤波虽然相比之前的算法有了更多的优点,但是仍然需要解决增益矩阵中存在求逆的不满秩、滤波发散等问题,目前对集合卡尔曼的改进有集合卡尔曼平滑(ensemble Kalman smoother,EnKS)(Evensen and Van Leeuwen et al.,2000)、集合均方根滤波(ensemble square-root filters，EnSRF）（Whitaker and Hamill，2002）以及局域集合转换卡尔曼滤波（local ensemble transform Kalman filter，LETKF）（Ott et al.，2004）等。集合卡尔曼滤波对观测值需要加入观测扰动生成观测集合，而这可能引入附加误差，并且引起滤波发散等问题，Whitaker 和 Hamill 发展了集合均方根滤波（EnSRF）（Daley，1991）对观测值逐个进行分析，避免了引入观测扰动。由于集合的数目远远小于待求解状态量的数目，容易导致求解增益矩阵时的不满秩问题，Ott 等（2004）提出一种局地卡尔曼滤波的方法（local ensemble Kalman filter，LEKF）将求解区域分为许多小区域分别求解，这样不仅只需很少的集合数目，还容易进行并行计算。集合卡尔曼滤波只有在满足高斯分布假设的情况下才能获得最优的估计，而事实上模型的参数、强迫数据以及初始状态受到的扰动会导致有偏（Bias），De Lannoy 等（2007）对此进行过分析，基于此扩展了一种可以对偏差进行改正的 ENBKF（the ENKF with the bias estimation algorithm）算法，并将其运用于 CLM2.0 的土壤湿度的同化实验中。

2.6　粒子滤波算法

粒子滤波算法（particle filters，PF）是近些年兴起的基于贝叶斯滤波理论的同化算法，该算法的思想早在 20 世纪 60 年代就被提出，然而由于算法本身的缺陷导致当时没有受到很多关注，直到 Gordon 等在 90 年代提出了解决滤波退化问题的重采样的方法，之后得到迅速的发展。相比于集合卡尔曼滤波等算法，粒子滤波算法不需要对矩阵求逆，适用于非线性非高斯模型（Arulampalam et al.，2002），还可以完整地描述状态值的后验分布，而卡尔曼滤波只能生成后验概率分布的均值与方差。粒子滤波的理论基础是贝叶斯滤波，包括预测部分，即式（2-6）和式（2-20）变形后的分析部分：

$$P(x_{n+1} \mid y_{1:n+1}) = \frac{P(y_{n+1} \mid x_{n+1})P(x_{n+1} \mid y_{1:n})}{P(y_{n+1} \mid y_{1:n})} \qquad (2\text{-}39)$$

式中，$P(x_{n+1} \mid y_{1:n})$ 为第 $n+1$ 时刻的先验概率，是通过（2-20）式求出的转移后的概率；$P(y_{n+1} \mid x_{n+1})$ 是通过第 $n+1$ 时刻的观测值估计出的似然函数，写为 $P(y_{n+1} - H_{n+1}(x_{n+1}^{f}) \mid R_{n+1})$；$P(y_{n+1} \mid y_{1:n})$ 是个归一化的系数。通过这两部分组成一个完整的预测与更新步骤并且随着时间的演进不断循环，首先用公式（2-20）的基于第 n 时刻的状态值预测出第 $n+1$ 时刻的预测值，然后使用第 $n+1$ 时刻的观测值对其进行改正，得到第 $n+1$ 时刻的后验概率，如此循环将观测与模型模拟结合起来。

　　直接求得贝叶斯滤波的解析式是很困难的,通常采用近似的办法求得数值解,如卡尔曼滤波等。粒子滤波是基于这些的贝叶斯理论,结合蒙特卡洛算法使用一定数目的样点(粒子)及其权重递归模拟后验概率分布,最终的状态量使用如下公式(2-40)得出(Moradkhani et al.,2005)。模拟的准确度随着样点的上升而增加,也更加接近最优贝叶斯估计,但是也带来很大的计算量。

$$P(x_{n+1} \mid y_{1:n+1}) \approx \sum_{i=1}^{N} w_{n+1}^{i} \delta(x_{n+1} - x_{n+1}^{i}) \qquad (2\text{-}40)$$

式中,$\delta(\cdot)$ 是 Direc 函数;x_{n+1}^{i} 是 $n+1$ 时刻第 i 个粒子的值,w_{n+1}^{i} 是它的权重,并且有 $\sum_{i=1}^{N} w_{n+1}^{i} = 1$;粒子滤波也被称为序贯重要性采样法(sequential importance sampling, SIS),通过从已知分布的重要性函数 $q(x_{n+1}^{i} \mid x_n^{i}, y_{n+1})$ 中抽取粒子,并且通过该函数以及之前第 n 时刻的归一化的权重 w_n^{i} 来求得第 $n+1$ 时刻粒子的权重 $\widetilde{w}_{n+1}^{i}$,公式如下:

$$\widetilde{w}_{n+1}^{i} = w_n^{i} \frac{p(y_{n+1} \mid x_{n+1}^{i}) p(x_{n+1}^{i} \mid x_n^{i})}{q(x_{n+1}^{i} \mid x_n^{i}, y_{n+1})} \qquad (2\text{-}41)$$

　　但是,重要性函数的选取影响到最后结果的准确性与速度,常用的办法是使用此时的先验分布作为重要性函数,公式(2-41)可以简化为(马建文等,2013)

$$w_{n+1}^{i} = w_n^{i} p(y_{n+1} \mid x_{n+1}^{i}) \qquad (2\text{-}42)$$

　　然而,随着迭代次数的增加,粒子权重方差会不断地变大,表现为部分粒子权重不断增大,而大部分粒子权重不断变小,甚至为 0,消耗在那些权重很小的粒子上的计算量非常巨大,这被称为滤波退化。Gordon 等在 20 世纪 90 年代提出的重采样方法有效地解决了这一问题(Gordon et al.,1993),即在保证粒子总数不变的情况下复制权重较大的粒子,剔除权重小的粒子。其他的重采样法还有分层重采样、系统重采样以及残差重采样等(马建文等,2013)。

　　粒子滤波算法实现效率高,对模型是否线性、是否高斯分布没有要求,并且易于实现并行计算,可用于较复杂的同化项目;但是粒子滤波产生的滤波退化问题仍待更有效的方法解决,同时,这种仅复制权重较大的粒子剔除权重小的粒子的重采样方法会减少粒子的多样性,进而导致粒子贫化的问题,这一问题也待解决。

2.7　数据同化算法分析

　　前面介绍的几种同化方法可分为传统的同化算法和现代同化算法。当然,在人工智能技术不断发展的背景下,数据同化领域也结合一些新的如遗传算法、神经网络以及模拟退火等算法,这些新的同化算法也可以被称为现代智能同化算法。现代同化算法通常包括:预测算子、观测值和观测算子、误差模型以及同化算法。预测算子是通过模拟状态变量在时间上的变动,得出下一时刻的预报,这个算子在不同领域有不同的表达,气象领域可能是中尺度天气预报模式(weather research and fore-casting model,WRF)(Skamarock and Coauthors,2008)等天气预报模型,而在陆面模式中则可能是一个土壤水随时间动态变化的模型。但是同化反演问题是相对于正向同化而言的,即根据实际观测数据与模型模拟的差值来推算出最优的模型参数,与一般的同化最大不同之处在于,同化反演中的状态变量如潜热、感热等通量数据不能被用来预报,所以反演同化中通常没有预报模型,有的则直接将预测模型取为单位矩阵的形式;观测算子被用来将状态变量投影到观测值空间中,在有些同化中可能被设为一个单位矩阵,而反演同化中的观测模型是不可或缺的部分,可以是一个辐射传输模型,观测值通常包括多源数据。

　　数据同化中的误差主要来自于预报算子的误差、观测值本身和观测算子带来的误差,还有同化算法自身的误差,有的同化算法还可以给出分析误差(如卡尔曼滤波、粒子滤波等)。同化算法中主要表示为背景误差 B 以及观测误差 R,通常假设观测值之间不相关,观测误差 R 被设为对角矩阵。背景误差在同化中起到信息传递以及保持信息平稳增长等作用,如果被设定的背景误差质量太差,会导致过大或者过小的分析增益,最终导致同化效果不好(吕咸青和刘文剑,2001)。卡尔曼滤波中的背景误差协方差 B 随同化进程不断自动演进,四维变分同化中也可以根据经验公式改进背景误差不断调整。但是目前大多数同化模型中的全部误差都假定为高斯型的误差,这不仅便于计算,而且高斯型误差分布也被均值与方差给唯一的确定,但是真实情况下这些误差往往有些偏差,这些偏差随着时空变化(Decourt and Madsen,2006),目前有的研究试图加入偏差改正以提高同化精度(De Lannoy et al.,2007),另外发展起来的新型同化算法如粒子滤波等,也可以适用于非高斯模型。

　　事实上,几乎所有的同化算法都是基于贝叶斯理论框架发展起来的,这些算法归结到一个公式即式(2-1),表示为使用观测数据与预测值的差值乘以一定的权重来对预测值进行调整,这些算法也是发展不同的计算权重的办法,来使得观测值与预测值之间取到一个合理的分析值。OI法可以看做三维变分运用线性模型时的一个特例;卡尔曼滤波算法与变分法的更新公式非常相似;集合卡尔曼滤波算法同样也可以被视为一种等权重的粒子滤波算法。

2.8　小　　结

　　数据同化最早发展于大气海洋领域,而本书的研究重点是反演同化,同化反演与一般的大气同化相比,虽然模型算子可能不同,但是同化算法通常相同。本章以同化算法的误差分析开篇,讲解了几种同化领域的误差,介绍了早期同化方法,其中OI算法仍然被运用于一些区域较小的同化领域,变分法是数据同化中较为成熟的方法,包括三维变分和四维变分,需要求解伴随模式,计算量非常巨大,而集合卡尔曼滤波算法基于蒙特卡洛模拟法求解误差矩阵,从而较好地用于非线性模型,也是目前同化领域的研究热点之一,基于卡尔曼算法推广出了扩展卡尔曼算法、集合均方根卡尔曼算法和局地卡尔曼算法等。粒子滤波算法能够解决卡尔曼算法对高斯模型的依赖问题,是目前同化领域的新兴算法,预计将会有广大前景。

　　然而,想要提高最终结果的准确性,不仅需要对算法进行改进,同样也需要模型尽可能描述真实世界,这些理化过程的复杂程度导致了模型必然是个高维非线性的模型,过于简单的模型不能准确描述真实的理化过程,模型的过于复杂又带给同化巨大的计算量以及存储空间,如何取得两者间的协调,也是需要关注的问题。

主要参考文献

官元红,周广庆,陆维松,等.2007.资料同化方法的理论发展及应用综述.气象与减灾研究,30(4):1-8

李新.2013.陆地表层系统模拟和观测的不确定性及其控制.中国科学(地球科学).11(43):1735-1742

梁顺林,李新,谢先红.2013.陆面观测,模拟与数据同化.北京:高等教育出版社

吕咸青,刘文剑.2001.数据同化中的伴随方法及其有关问题的研究.海洋科学,(3):44-50

马建文,秦思娴,王皓玉,等.2013.数据同化算法研发与实验.北京:科学出版社

沈桐立.2010.数值天气预报.北京:气象出版社

朱立娟.2005.背景场误差协方差估计技术的应用研究.南京信息工程大学硕士学位论文

邹晓蕾.2009.资料同化理论和应用.北京:气象出版社

Arulampalam M S,Maskell S,Gordon N,et al,2002. A tutorial on particle filters for online nonlinear/non-Gaussian Bayesian tracking. IEEE Transactions on Signal Processing,50(2):174-188

Bergthorsson P,Döös B R,Fryklund S,et al. 1955. Routine forecasting with the barotropic model. Tellus,7(2):272-274

Buehner M. 2005. Ensemble-derived stationary and flow-dependent background error covariances:Evaluation in a quasi-operational NWP setting. Quart J Roy Meteor Soe. 131(607):1013-1104

BuelmerM,Gauthier P,Liu Z. 2006. Evaluationofnewestimatesofbackground and observation error covariances for variational assimilation，Quart J Roy Meteror Soc，131(613)：3373-338

Burgers G，van Leeuwen P J，Evensen G，et al. 1998. Analysis scheme in the ensemble Kalman filter. Monthly weather review，126(6)：1719-1724

Cardinali C，Pezzulli S. Anderson F. 2004. Influence matrix diagnostic of a data assimilation system. Quart J Roy Meteror Soc，130(603)：2767-2786

Cressman G P. 1959. An operational objective analysis system. Monthly Weather Review，87(10)：367-374

Daley R. 1991. Atmospheric data analysis. Cambridge：Cambridge University Press

De Lannoy G J M，Houser P R，Pauwels V. 2007. State and bias estimation for soil moisture profiles by an ensemble Kalman filter：Effect of assimilation depth and frequency. Water Resources Research，43：W06401，doi：10.1029/2006WR005100

Decourt J，Madsen P. 2006. Calibration frame work for a Kalman filter applied to a groundwater model. Advances in Water Resources，29(5)：719-734

Doucet A，Godsill S，Andrieu C. 2000. On sequential monte carlo sampling methods for Bayesian filtering. Statistics and Computing，10(3)：197-208

Evensen G. 1992. Using the extended Kalman filter with a multilayer quasi-geostrophic ocean model. Journal of Geophysical Research：Oceans，97(C11)：17905-17924

Evensen G. 1994. Sequential data assimilation with a nonlinear quasi-geostrophic model using Monte Carlo methods to forecast error statistics. Journal of Geophysical Research：Oceans，99(C5)：10143-10162

Evensen G. 2007. Data assimilation：The ensemble Kalman filter. Berlin：Springer

Evensen G，Van Leeuwen P J. 2000. An Ensemble Kalman Smoother for nonlinear dynamics. Monthly Weather Review，128：1852-1867

Gandin L S. 1965. Objective analysis of meteorological fields. Jerusalem：Israel Program for Scientific Translations

Gordon N J，Salmond D J，Smith A F M. 1993. Novel approach to nonlinear/non-gaussian Bayesian state estimation. IEEE Proceedings F，Radar and Signal Processing，140(2)：107-113

Hamill T M，Snyder C. 2000. A hybrid ensemble Kalman filter-3D variational analysis scheme. Monthly Weather Review，128(8)：2905-2919

Hossen M J，Navon I M. 2011. A Penalized 4-D Var data assimilation method for reducing forecasterror. International Journal for Numberical Methods in Fluids，00：1-16

Jia B H，Ning Z，Xie Z H. 2014. Assimilating the LAI data to the VEGAS model using the local ensemble transform kalman filter：an observing system simulation experiment. Atmos. Oceanic Sci. Lett.，7(4)：314-319

Kalnay E. 2003. Atmospheric modeling，data assimilation and prediction. Cambridge：Cambridge University Press Cambridge

Lahoz W A，Khattatov B，Menard R. 2010. Data assimilation：making sense of Earth Observation. Springer

Ledimet D，Talagrand O. 1986. Variational algorithms for analysis and assimilation of meteorological observations：theoretical aspects. Tellus，38A：97-110

Lorenz E N. 1963. Deterministic non-periodic flow. Journal of the Atmospheric Sciences，(20)：130-141

Ménard R. 2010. "Bias estimation," in data assimilation：making sense of observations. Berlin：Springer

Moradkhani H，Hsu K L，Gupta H，et al. 2005. Uncertainty assessment of hydrologic model states and parameters：Sequential data assimilation using the particle filter. Water Resources Research，41：W05012，doi：10. 1029/2004WR003604

Ott E，Hunt B R，Szunyogh I，et al. 2004. A local ensemble Kalman filter for atmospheric data assimilation. Tellus A56：415-428

Panofsky R A. 1949. Objective weather-map analysis. Journal of Meteorology，（6）：386-392

Parrish D F，Derber J C. 1992. The national meteorological center's spectral statistical interpolation analysis system. Monthly Weather Review，120：1747-1763

Peters W，Miller J B，Whitaker J. 2005. An ensemble data assimilation system to estimate CO_2 surface fluxes from atmospheric trace gas observations. Journal of Geophysical Research：Atmospheres：110（D24）

Sasaki Y. 1958. An objective analysis based on the variational method. Journal-Meteorological Society of Japan，36（3）：77-88

Skamarock W，Coauthors. 2008. A description of the Advanced Research WRF version 3. NCAR Tech. Note NCAR/TN-4751＋STR，125pp

Talagrand O. 1997. Assimilation of observations an introduction. Journal Meteorologial Society of Japan Series，（75）：81-99

Talagrand O，Courtier P. 1987. Variational assimilation of meteorological observations with the adjoint vorticity equation. I：Theory. Quarterly Journal of the Royal Meteorological Society，113（478）：1311-1328

Welch G，Bishop G. 2002. An Introduction to the Kalman Filter. University of North Carolina at Chapel Hill：Department of Comp. Sc. and Engg

Whitaker J S，Hamill T M. 2002. Ensemble data assimilation without perturbed observations. Monthly Weather Review，130（7）：1913-1924

Zhang S P，Zheng X G，Chen Z Q，et al. 2014. Global carbon assimilation system using a local ensemble kalman filer with multiple ecosystem models. Journal of Geophysical Research：Biogeoscience，119（11）：2171-2187

Zhou X，Vanenberghe F，Pondeca M，et al. 1997. Introduction To Adjoint Techniques And The MM5 Adjoint Modeling System. NCAR Technical Note，NCAR/TN2435＋STR，117pp

第 3 章　大气 CO_2 同化技术

3.1　碳同化系统框架

大气 CO_2 同化系统是一种新兴的、全球或区域尺度上的陆地生态系统碳源/汇模拟工具,它以陆地、海洋、火烧和化石燃烧排放为先验碳通量数据,大气传输模型为"正演"模型,以 CO_2 浓度为观测数据,结合贝叶斯理论,迭代求解出 CO_2 通量的最优值,最终模拟出碳源/汇和浓度的时空间变化特征。因此,CO_2 同化系统框架是由先验通量、大气传输模型、CO_2 浓度数据和同化算法组成。

3.1.1　先验通量

先验通量分为海洋碳通量、化石燃料碳排放清单、生态系统碳通量、火烧碳排放四部分数据。由于不同地区先验通量的绝对值差异较大,一般不会直接将先验通量作为系统状态变量进行同化计算,而是采用比例系数或者差异量的方式进行同化。即在先验通量基础上增加一个差异量或者乘以一个比例系数成为后验量。碳同化系统通过调整这个差异量或者比例系数来调整先验通量。而这个差异量或者比例系数因为无量纲,能更好地作为系统状态变量进行统计计算。

3.1.2　大气传输模型

大气传输模型作为大气 CO_2 同化系统的"正演"模型,起到承接大气 CO_2 浓度和陆表通量的作用,用以生成 CO_2 浓度模拟值,是 CO_2 同化系统不可缺少的重要组成部分。目前国际上有很多流行的大气传输模型。

1. TM5 模型

TM5(global chemistry transport model,Version 5)(Heimann et al.,1988)是一

个嵌套式的 3D 大气化学传输模型,最初是由 Heimann 等(1988)开发,在经历了 TM2(Heimann et al., 1988)、TM3(Houweling et al., 1998)和 TM4 后,现已发展为 TM5 版本(Krol et al., 2005)。TM5 应用很广泛(De Meij et al., 2006;Gloudemans et al., 2006;De Laat et al., 2009;2007;Hooghiemstra et al., 2011),并参与了 ACCENT(atmospheric composition change, the European network of excellence)模型比较,在国际上影响良好。

TM5 与 TM3 模式一样,保持原有的模型物理设计理念,如 Vertical diffusion (Louis,1979,Holtslag and Boville,1993)、Convection(Tiedtke,1989)、Advection (Prather,1986;Russell and Lerner,1981)、Dry deposition(Ganzeveld et al., 1998)、 Wet deposition(Guelle et al., 1998)。该模型的最大优势是在大气 CO_2 传输过程中, 能够进行研究区的嵌套,实现重点区域的更高空间分辨率模拟、分析。这种技术是 Krol 等(2005)开发的一种新的、基于大气动力学过程的算子分裂算法,其主要思想是利用大气化学传输模式可在不同空间分辨率下连续积分的功能,对于特定区域(上级区域为该子区域提供一个或多个嵌套区域的边界条件)进行算子分裂法积分计算,模拟出更详细、更精确、更高分辨的子区域 CO_2 信息,并将该子区的信息反馈到对应的上级区域,用来更新上级区域的 CO_2 分布,进而提高整个系统的模拟精度,实现上-下级网格间信息的双向传输。这种算法的特点是在对全球碳源/汇进行统一估测的基础上,根据研究的需要可设置重点研究区,令研究者既可以掌握全局信息,又可以获取重点研究区的详细信息,可减少设置侧边界条件所带来的不确定性。 TM5 中的双向嵌套的算法,极大地提高了 CO_2 浓度模拟的精度,使得 TM5 成为多种温室气体正、反演估算的有效工具(Bergamaschi et al., 2009;Meirink et al., 2008;Zhang et al., 2014;Peters et al., 2010;2007)。

TM5 的气象驱动数据来源于欧洲再分析资料(ECMWF),其分辨率为 3 h,1°× 1°,垂直分层为 60 层。TM5 模拟结果时间分辨率可为时、天、周、月、年,空间分辨率可为 6°×4°、3°×2°、1°×1° 及 0.5°×0.5°,0.25°×0.25°(前提条件是有足够的观测数据),垂直分层为 25(hybrid sigma-pressure levels)。

2. GEOS-Chem 模型

GEOS-Chem 也是三维的全球大气化学传输模型。其中 CO_2 模拟是在 2004 年首次由 Parv Suntharalingam 等引入,2010 年由 Ray Nassar 等完成了一次主要的更新工作。模型输入数据包括气象驱动数据和碳通量数据,其中气象驱动数据来自美国宇航局(NASA)全球同化办公室(GMAO)提供的 Goddard 地球观测系统同化数据,采用 geos5 版本。碳通量数据主要包括化石燃料月排放数据、海洋碳通量数据、生物质燃烧数据、生物燃料燃烧数据、生态系统碳通量数据、土壤碳通量数据、船舶排放数据，以及两个三维碳通量数据：包含飞行器排放数据和气体的氧化数据。模拟采用的主要方案有 GMI TPCORE 平流方案，Relaxed Arakawa-Schubert 对流方案，TURBDAY 边界层混合方案。采用 $2° \times 2.5°$ 的网格精度和 15 min 的时间步长。

3. WRF-Chem 模型

WRF-Chem 模式是美国最新发展的区域大气动力-化学耦合模式，是在 NCAR 开发的中尺度数值预报气象模式（WRF）中加入大气化学模块集成，用来研究区域空气质量以及云-化学的相互作用。WRF 是一个完全可压非静力模式，对湍流交换、大气辐射、积云降水、微物理过程均有不同的参数化方案，可以为化学模式在线提供气象场。WRF-Chem 包含的过程有污染物输送、干湿沉降、气相化学反应、气溶胶的形成、辐射和光分解率等。WRF-Chem 的最大优点是气象模式与化学传输模式在时间和空间分辨率上完全耦合，化学过程和气象过程使用相同的水平和垂直坐标系，相同的物理参数化方案，不存在时间上的插值，并且能够考虑化学对气象过程的反馈作用，气象要素的变化能及时影响化学过程，化学过程也能立刻对气象过程进行反馈，能更好地反映气象场与污染物间的相互作用。WRF-Chem 的气象输入数据采用美国国家环境预测中心（NCEP）发布的 FNL 再分析数据，网格分辨率为 $1° \times 1°$，时间步长为 6 h。

3.1.3 大气 CO_2 数据同化模型

1. 代价函数

大气 CO_2 数据同化技术通过最小化模拟浓度与观测浓度之间的差值来求解最优 CO_2 通量，其代价函数如下：

$$J = \frac{1}{2}\left[\mathbf{y}^o - \mathbf{H}(\mathbf{x})\right]^{\mathrm{T}}\mathbf{R}^{-1}\left[\mathbf{y}^o - \mathbf{H}(\mathbf{x})\right] + \frac{1}{2}(\mathbf{x} - \mathbf{x}_0)^{\mathrm{T}}\mathbf{P}^{-1}(\mathbf{x} - \mathbf{x}_0) \quad (3\text{-}1)$$

式中，$\mathbf{y}^o$ 是 CO_2 浓度观测值；$\mathbf{R}$ 是观测值的误差协方差矩阵；$\mathbf{x}_0$ 是先验 CO_2 通量；$\mathbf{P}$ 是 CO_2 通量的误差协方差矩阵；$\mathbf{x}$ 是状态变量，代表同化模型中要求解的 CO_2 通量；$\mathbf{H}$ 是观测算子，用以模拟 CO_2 浓度值并根据观测数据的空间、时间信息来对模拟浓度进行采样，为同化提供数据准备；x_0 是先验碳排放数据。

2. 同化过程

同化过程可分为两个部分(图 3-1):CO_2 通量的预报过程(state forcast)和分析过程(state analysis)。

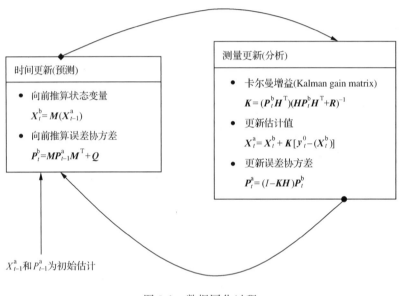

图 3-1　数据同化过程

(1)预报:这一步主要负责向前推算当前状态变量(CO_2 通量)和误差协方差估计的值,以便为下一个时间状态构造先验估计。在这一步中,与大多数模型一样,采用了一个简单的预报模型,即单位矩阵 I。

(2)分析:这一步将先验估计和新的测量变量结合以构造改进的后验估计。将预报过程获得的 CO_2 通量作为驱动数据,驱动大气传输模型(如 TM5、GEOS-chem 等)模拟出当前时刻的 CO_2 浓度。再将模拟的 CO_2 浓度与观测 CO_2 浓度作对比,通过最小浓度差来求解最优 CO_2 通量,达到碳源/汇优化的目标。

3.2　碳同化方案

3.2.1　状态预报

状态预报是指在时间上更新状态变量及其协方差矩阵的过程。即用一个模型,根据前一时刻状态变量的值和协方差矩阵,预测下一个时刻的系统状态变量值及其协方差矩阵。这个模型被称为状态预报模型 **M**。状态预报模型所得到的下一个时刻的协方差矩阵,将会作为下一步同化中的先验估计。在碳同化系统中,状态预报算子能够反映系统状态随着时间变化的变化机理过程。这个过程为系统状态的同化提供机理信息,确保同化的结果不会违背基本的大气和生态过程机理,不至于让系统状态在同化过程中被潜在的错误观测数据所影响,从而保证同化结果的稳定性。

由于地表生态过程十分复杂,很难从上一个时刻的碳通量估计下一个时刻的碳通量,因此在大多数地表通量全球 CO_2 同化模型中,模型 **M** 通常用一个单位矩阵来代替。也就是说大多数全球 CO_2 同化模型假设先验碳通量不会随着时间变化发生变化。显然这样做存在很大的问题,没能在状态预报过程中提供有效信息。因此在每次预报过程中,都需要在状态变量的协方差矩阵上加一个大的误差,来保证状态分析时能够考虑到预报算子的不准确性。而且事实上的预报算子的误差是非平稳无规律的,这使得选择一个合适的预报误差更加困难。考虑到这些问题,碳通量同化系统未来的一个研究方向就是要研究如何改进同化算法中的预报算子,使其能考虑到系统状态的时间演进过程,进而提高同化反演精度。

3.2.2　状态分析

数据同化系统的状态分析的步骤,就是结合状态预报中得到的先验估计,以及对应的测量变量,对系统状态进行最优估计的过程。这一过程得到的最优估计被称为系统状态的后验估计量。这一过程的本质可以视为加权求和,即将状态预报得到的系统先验状态与系统观测基于各自的误差进行加权求和得到系统状态的最优估计。这个估计充分考虑到预报算子带来的模拟系统的机理信息,同时也考虑到观测数据带来的实际信息。将二者综合考虑,使得系统状态既满足现实生活中的物理规律,同时也能够尽可能地贴近实际的观测值。这就是同化反演系统的价值所在。

这一加权求和的重要参数是系统预报算子的先验误差与观测数据的观测误差,这两个误差决定了两个数据如何组合,也决定了后验分析结果受到这两个值的影响程度。如果系统预报算子的先验误差更小,则后验分析状态的结果会更靠近系统先验状态;反之,如果观测数据的观测误差更小,则后验分析状态的结果会更靠近实际的观测值。可见误差的估计对同化系统的状态分析影响很大。错误的误差估计会带来完全不一样的同化结果。为此系统地、全面地估计观测值误差与预报算子误差显得尤为重要。

在全球 CO_2 同化系统中,将预报过程获得的先验 CO_2 通量作为驱动数据,驱动大气传输模型,模拟出当前时刻的 CO_2 浓度,再将模拟的 CO_2 浓度与观测的 CO_2 浓度作对比,通过最小化代价函数来求解最优 CO_2 通量,以达到碳源/汇反演的目标。而具体求解算法在不同的碳同化系统中各不相同,但大多数的求解都是以最小化到先验状态与系统观测的误差作为代价函数,通过求解最小化代价函数时的系统状态作为系统状态的解,得到状态分析的结果。

3.3　关键参数设定

3.3.1　滞后窗口

全球 CO_2 同化系统中,滞后窗口是一个很重要的参数。滞后窗口定义了一次碳同化步骤中未来多长时间范围内的大气 CO_2 浓度受到初始时刻地表通量的影响。现实自然界中,某一时刻某一处大气 CO_2 浓度是一段时间内地表通量积累、动态变化的结果。为了真实描述这一现象,在全球 CO_2 同化系统中,利用滞后窗口来描述碳源/汇与 CO_2 浓度之间的关系,通过多个时间段的地表碳通量滞后估测值来共同决定某个时间点上的 CO_2 浓度。换一句话说,全球 CO_2 同化系统中的 CO_2 浓度观测值与未知碳通量间的关系描述中存在着一个滞后时间段的问题。这个滞后时间的长短至关重要,决定了模型中 CO_2 浓度模拟及碳通量估算的精度。滞后窗口大小的选定不仅决定着模型模拟结果的精度,还决定了计算运行的效率。一个大的滞后窗口意味着每次 CO_2 通量估算能提取到更多的浓度观测信息,获取更高精度的碳源/汇分布;但同时也意味着更长时间的大气传输过程的模拟和更大的计算资源需求(或在限定的计算资源条件下需要更长的计算时间)。全球 CO_2 同化系统中的滞后窗口大小的确定需要结合研究区范围、研究区域平均风速来初步估计,并根据实验研究来确定最优的滞后窗口大小。

对于大气 CO_2 来说,其之后窗口相比其他气体要更长一些。因为 CO_2 是一种长时间滞留气体,它很难发生化学反应,从大气中清除全靠大气扩散,过程十分缓慢。也就是说,碳通量与大气 CO_2 浓度之间可能存在着几个月甚至更长的滞后相关性。当前观测到的碳浓度可能与6～9个月前的碳通量都有联系(Peters et al. , 2005)。越长的滞后窗口,就能够利用更多的观测信息来控制优化后的通量,同时也需要更长的计算运行时间。同时,越长的滞后窗口也会引入更多的未知变量,导致更大的协方差矩阵,也需要更大的集合数来求解。

3.3.2　误差协方差矩阵

协方差矩阵描述了系统状态变量更多参数的不确定性以及它们之间的相关性。在全球 CO_2 同化系统的预报过程中,估计最优后验系统状态时需要用到系统先验状态误差协方差矩阵、观测值的误差协方差矩阵。系统先验状态和观测值各自的误差协方差矩阵大小决定了后验估计的结果,如果观测值的误差更大,则后验估计会更加靠近系统先验状态;如果系统先验状态的误差更大,则后验估计会更加靠近观测值。为了能够使后验估计更加准确,需要对误差方差矩阵有一个准确的估计。通常而言,在进行数据同化时,会对使用的先验数据与观测数据进行详尽的误差分析,以保证将系统误差控制在一定范围内。

此外,在进行状态预报的过程中,同时需要对系统的误差方差矩阵进行同步更新。在一个碳同化分析过程中,系统的先验状态通常来自系统在上一个时刻的系统后验分析状态的系统预报。大多数全球 CO_2 同化系统中,系统预报是一个单位矩阵,也就是说先验状态与系统在上一个时刻的系统后验分析状态相同。但是,系统的先验状态的误差协方差矩阵不能与上个时刻的系统后验分析状态的协方差矩阵相同,因为从机理上来讲,系统的预报过程会给系统状态带来新的误差,通常就是预报算子的误差。这一误差主要是因为预报算子在参数化、模型结构、驱动数据方面的误差,导致预报算子对系统状态的更新偏离实际情况,或者增加了不确定性。状态预报所带来的不确定性,需要在系统的先验状态的误差协方差矩阵中得到体现。同时,先验状态的误差协方差矩阵的估计的准确性也十分重要,它决定了后验分析结果的准确度。

3.4　同化方法中的误差问题

3.4.1　误差来源

全球 CO_2 同化系统中存在着多种误差,通常可划分为模型误差、观测误差和算法误差(摆玉龙等,2011)。其中模型误差就是预报算子的误差,预报算子模拟了系统状态随着时间的演进过程,但是它不可能完全模拟出客观世界真实发生的动态过程,其中未能模拟出来的部分,就称为系统误差。考虑到模型特点,模型误差一般分为模型的结构性误差、模型参数误差、模型驱动数据带来的误差以及计算机数值计算中的误差。结构性误差是指模型的模拟结构未能准确描述自然界的真实机理而带来的误差。模型参数误差则是由模型中的参数与实际中的参数不一致而带来的误差。驱动数据误差来自于模型的输入数据。计算误差则是模型进行离散化的差分、积分运算以及计算机浮点截断所带来的误差。

观测误差又称为采样误差,又可进一步分为若干类,通常包括观测算子误差、代表性误差和仪器误差。观测算子误差又称为采样误差,是指从状态空间到观测空间的采样过程中带来的误差,如空间插值误差等。代表性误差是指数据时空分辨率差异带来的误差,如 6h 再分析资料与逐小时观测资料之间的不匹配带来的误差、500m 空间分辨率与 10km 空间分辨率数据之间差异带来的误差。仪器误差就是观测仪器本身,以及仪器操作人员带来的误差。

算法误差则是在同化算法设计上存在的误差。由于观测算子的非线性特征,大多数同化算法采用蒙特卡洛方式,利用集合估计数据协方差矩阵。集合同化算法通过大量采样来逼近真实情况,尽管能够尽可能地逼近真实情况,但仍然与真实状态之间存在着差异。这一误差可以通过增加集合大小来降低,但是增大集合会导致运算量成倍增加,如何在有限的计算资源下尽可能地减低算法误差是同化算法研究的重点之一。

3.4.2 顺序同化方法中的误差问题

顺序同化方法通常是指卡尔曼滤波方法。之所以将卡尔曼滤波称为顺序同化方法,是因为卡尔曼滤波的过程是状态预报与状态分析的反复循环的过程。每一次循环中的系统预报步骤中,发生一次时间演进,即将一个时刻的系统后验状态使用预报算子计算出下一个时刻的先验状态,并开始下一个时刻的同化分析。如此反复,系统在时间上顺序演进的过程中,也顺序完成了系统状态的同化分析,因而将卡尔曼分析称为顺序同化方法。

在卡尔曼滤波算法中,通过对观测信息与先验信息按照各自的误差矩阵进行加权求和进而得到系统状态的后验估计。为了更加有效地处理误差问题,衍生出各种卡尔曼滤波算法的变种。在最简单的卡尔曼滤波分析中,通过无偏最小二乘估计方法进行系统状态的后验估计。这种估计方法假设所有的误差符合多维正态分布,从而将误差的表达简化为协方差矩阵的形式,只要最小化系统的协方差矩阵的迹(对角线上元素之和），就可以得到最优的系统状态估计。但是这样的最优估计建立在误差正态分布的假设下，同时也需要系统的误差协方差矩阵能够简单计算出来。

这种假设对于线性模型能够得到无偏最优估计，但实际上大多数模型并不满足这一假设，模型误差也并非服从正态分布，因而针对非线性系统发展出了扩展卡尔曼滤波和集合卡尔曼滤波算法。集合卡尔曼滤波算法的核心思想就是用大量样本来近似估计系统状态的误差矩阵。由于在非线性系统中，系统状态的误差或者协方差矩阵很难直接计算。研究者便借鉴了蒙特卡洛模拟的思想，对系统状态进行大量采样，然后通过样本的方差来估计系统状态的整体方差。当然这种方法存在着一定的误差和不准确性。但是可以证明，在取样数足够多的情况下，样本方差会无限逼近系统状态的真实方差。而在全球 CO_2 同化系统中，对系统状态进行一次采样的计算成本十分巨大，因此采样数不可能无限多。大多数同化系统都会在采样数与计算时间之间权衡取舍，达到在可接受的计算时间范围内，获得尽可能精确的采样数。

无论如何，卡尔曼滤波算法及其变种都是基于高斯误差分布的假设，针对非高斯分布的误差，近年来发展了许多新的算法，如粒子滤波算法。这类方法不预先假设误差的分布规律，不使用方差来直接表征系统状态，而是以系统误差的概率分布本身来表示误差。在没有正态分布假设，使用采样的误差概率分布表征总体概率分布后，同化算法能够对模型误差给出更加准确的估计，但为了使采样的误差概率分布尽可能接近真实的概率分布，这类方法需要大量的采样，计算过程也相比普通的卡尔曼分析更加复杂。因此，这类方法受限于其巨大的运算量很难得到广泛应用。

3.4.3　变分同化方法中的误差问题

变分同化方法通常是指三维变分方法和四维变分方法。这类同化算法与顺序同化的卡尔曼滤波算法不同。它通常需要在研究目标的时间范围内模拟所有的系统状态，再结合实际观测误差，对系统状态进行全局最优估计。在系统最优状态估计的过程中，自变量是系统状态随时间变化的函数，目标函数为随时间变化的系统状态的误差。这种以函数为自变量的最优化问题一般使用变分法求解，因而这类同化方法被称为变分同化。

在变分同化方法中，其背景误差协方差矩阵代表的是预报误差。三维变分方法是变分同化方法初期发展的算法，它对先验误差协方差进行一次估计，并且假定了误差空间分布均匀，这在实际应用中存在着很大的误差。四维变分同化算法相比三维变分同化算法就更加成熟，通过时间维调整模型的误差协方差矩阵，使其在大气同化中有很好的应用。

3.5　小　　结

全球 CO_2 同化系统是衍生于大气同化反演的一类方法。它使用大气同化中的算法,实现地表碳通量的准确反演。而传统大气同化算法中的预报算子通常为大气模型,在全球 CO_2 同化系统中,预报算子通常为单位矩阵,这给误差处理带来了新的挑战。此外,传统大气同化算法中的观测算子通常为一个普通的线性插值函数,而在全球 CO_2 同化系统中,观测算子是大气模型与采样函数的非线性组合。二者结合组成的观测算子给同化求解带来了更大的困难,因此也发展出更多的同化算法来解决同化过程中的误差问题。同化系统中的方案设计与误差处理是两个紧密相关的部分,好的同化方案能够更好地处理系统误差。

主要参考文献

摆玉龙,李新,韩旭军. 2011. 陆面数据同化系统误差问题研究综述. 地球科学进展,26(8):

Bergamaschi P, Frankenberg C, Meirink J F, et al. 2009. Inverse modeling of global and regional CH_4 emissions using SCIAMACHY satellite retrievals. Journal of Geophysical Research,114,D22301

De Laat A, Landgraf J, Aben I, et al. 2007. Validation of global ozone monitoring experiment ozone profiles and evaluation of stratospheric transport in a global chemistry transport model. Journal of Geophysical Research: Atmospheres,112,D05301

De Laat A, Van Der A R, Van Weele M. 2009. Evaluation of tropospheric ozone columns derived from assimilated GOME ozone profile observations. Evaluation,9,11811-11841

De Meij A, Krol M, Dentener F, et al. 2006. The sensitivity of aerosol in Europe to two different emission inventories and temporal distribution of emissions. Atmospheric Chemistry and Physics Discussions,6,3265-3319

Ganzeveld L, Lelieveld J, Roelofs G J. 1998. A dry deposition parameterization for sulfur oxides in a chemistry and general circulation model. Journal of Geophysical Research: Atmospheres,103:5679-5694

Gloudemans A, Krol M, Meirink J, et al. 2006. Evidence for long-range transport of carbon monoxide in the Southern Hemisphere from SCIAMACHY observations. Geophysical Research Letters:33

Guelle W, Balkanski Y J, Schulz M, et al. 1998. Wet deposition in a global size-dependent aerosol transport model:1. Comparison of a 1 year 210Pb simulation with ground measurements. Journal of Geophysical Research: Atmospheres,103:11429-11445

Heimann M, Monfray P, Polian G. 1988. Long range transport of Rn-222:A test for 3D tracer models. Chemical Geology,70:98-98

Holtslag A, Boville B. 1993. Local versus nonlocal boundary-layer diffusion in a global climate model. Journal of Climate，6：1825-1842

Hooghiemstra P，Krol M，Meirink J，et al．2011．Optimizing global CO emissions using a four-dimensional variational data assimilation system and surface network observations．Atmospheric Chemistry and Physics Discussions，11：341-386

Houweling S，Dentener F，Lelieveld J．1998．The impact of non-methane hydrocarbon compounds on tropospheric photochemistry．Journal of Geophysical Research：Atmospheres，103：10673-10696

Jacobson A R，Gruber N，Sarmiento J L，et al．2007．A joint atmosphere-ocean inversion for surface fluxes of carbon dioxide：I．Methods and global-scale fluxes．Global Biogeochemical Cycles：21

Krol M，Houweling S，Bregman B，et al．2005．The two-way nested global chemistry-transport zoom model TM5：algorithm and applications．Atmospheric Chemistry and Physics，5，417-432

Louis J F．1979．A parametric model of vertical eddy fluxes in the atmosphere．Bound-Lay Meteorology，17：187-202

Meirink J F，Bergamaschi P，Krol M C．2008．Four-dimensional variational data assimilation for inverse modelling of atmospheric methane emissions：method and comparison with synthesis inversion．Atmospheric Chemistry and Physics，8：6341-6353

Peters W，Jacobson A R，Sweeney C，et al．2007．An atmospheric perspective on North American carbon dioxide exchange：CarbonTracker．Proceedings of the National Academy of Sciences，104：18925-18930

Peters W，Krol M，Van der Werf G，et al．2010．Seven years of recent European net terrestrial carbon dioxide exchange constrained by atmospheric observations．Global Change Biology，16：1317-1337

Peters W，Miller J，Whitaker J，et al．2005．An ensemble data assimilation system to estimate CO_2 surface fluxes from atmospheric trace gas observations．Journal of Geophysical Research：Atmospheres（1984-2012）：（110）：D24304，doi：10.1029/2005JD006157

Prather M J．1986．Numerical advection by conservation of second-order moments．Journal of Geophysical Research：Atmospheres（1984-2012），91：6671-6681

Russell G L，Lerner J A．1981．A New Finite-Differencing Scheme for the Tracer Transport Equation．Journal of Applied Meteorology，20：1483-1498

Takahashi T，Sutherland S C，Sweeney C，et al．2002．Global air-sea CO_2 flux based on climatological surface ocean pCO_2，and seasonal biological and temperature effects．Deep-Sea Research Ⅱ，49：1601-1622

Tiedtke M．1989．A comprehensive mass flux scheme for cumulus parameterization in large-scale models．Mon Weather Rev，117，1779-1800

Zhang H F，Chen B Z，van der LaanLuijkx I T，et al．2014．Net terrestrial CO_2 exchange over China during 2001-2010 estimated with an ensemble data assimilation system for atmospheric CO_2．Journal of Geophysical Research：Atmospheres，119（6）：3500-3515

第4章　大气 CO_2 同化系统

目前,世界上存在两大大气 CO_2 同化体系:Transcom(Baker et al.,2006;Gurney et al.,2002;2003;2004)和 CarbonTracker(Peters et al.,2007;Zhang et al.,2014a;2014b;2015)。前者把全球分为 22 个区,其空间分辨率低,时间步长为月或年;后者时间步长为 1 周,以嵌套的方式对关注区设置更高的空间分辨率(可达到 $1° \times 1°$ 或更高)。

4.1　Transcom

4.1.1　Transcom 概述

大气示踪输送模式比较计划(transport comparison project,Transcom)是 1993 年在法国卡尔屈埃拉纳(Carqueiranne)召开的第四次国际 CO_2 会议上提出的,是国际陆地生物圈计划(IGBP)和 GAIM(global analysis, interpretation, and modeling)项目的特别项目,旨在定量评价和诊断大气 CO_2 同化系统中的大气传输过程引起的模拟误差所导致的反演全球碳收支的不确定性。该项目已经完成了 3 个阶段的工作,目前正在展开第四阶段工作。Transcom 第一阶段(Transcom-1)联合了全球 12 个模型团队来分析大气 CO_2 浓度对化石燃料燃烧的碳排放以及陆地生态系统碳交换的响应。Transcom-1 结果表明:使用行星边界层(planetary bundary layer,PBL)方案来反映可变示踪物的模拟结果和那些不采用 PBL 方案的模式结果存在着一定差异。这些示踪物在日和季节时间尺度上的陆面碳通量变化与边界层混合程度联系紧密,模拟的高地表混合比不是来自南北半球间的交互,而是来自垂直捕获排放区的示踪物。Law 等(1996)的报告显示,这 12 个模型都能较好地模拟地球表面化石燃料示踪物的年均分布,但仍然存在不确定性,如植被的季节性变化也没有考虑。继 Transcom-1 之后开展的 Transcom-2 实验对第一阶段的结果进行分析校正,此次实验使用的更长生命周期且具有更高全球变暖潜能值的 SF6 作为示踪物来分析哪个过程导致了模型之间的差异。Transcom 实验的第一和第二阶段主要是对模型模拟运行过程进行分析,而第三阶段(Transcom-3)则是基于前两个阶段的工作成果,利用一系列地表通量函数来模拟大气中 CO_2 的年均值、季节循环以及年际变动,结合观测到的 CO_2 浓度数据反演 CO_2 通量,分析陆地和海洋 CO_2 汇的空间分布及大小。目前第三阶段已经完成,正开展第四阶段(Transcom-4)的实验。

　　Transcom-3 又可再细分为 3 个不同阶段,它通过 16 个不同大气传输模型的相互比较来估计地表大气 CO_2 通量对全球碳收支反演结果的影响,分析年均值、季节循环以及年际变率间估计通量的不确定性。Transcom-3 的第一阶段任务是使用 16 个不同的大气传输模型,在考虑 34 个不同的示踪物(4 个 pres-subtracted 示踪物,11 个 SF6 示踪物以及 22 个 CO_2 示踪物)的基础上,估算出 1992~1996 年全球 22 个区域(11 个陆地和 11 个海洋)的碳通量年平均分布情况。Transcom-3 的第二阶段任务是对第一阶段的扩展,主要是估算出 1992~1996 年的碳源/汇季节变化特征。该阶段的对比结果表明:不同大气传输模型估计的碳源/汇在高纬度地带有更大的不确定性,而在热带地区有更小的不确定性(Law et al. , 2003)。Transcom-3 第三阶段是关注 CO_2 源汇的年际变动,使用 13 个不同的传输模型在 1988~2003 年的 22 个地区上估计出月时间尺度上的 CO_2 源汇变化特征。

　　Transcom-3 中大气 CO_2 同化反演系统中除传输模型不同外,其他设置均采用固定方式。Transcom 计划曾对不同的大气传输模型的模拟性能进行了对比研究(Gurney et al. , 2002)。大量结果表明,不同大气传输模型在全球大部分地区都能获得较为一致的模拟 CO_2 浓度,而模拟结果只是在较小的区域存在不同。同一模型使用不同的气象数据驱动,其模拟结果差异很大。可见,气象场的不确定性对于模拟结果会造成显著的影响,因此需要对不同气象场驱动下的模拟结果进行分析,从而找出存在差异的地方以及产生差异的可能原因。

4.1.2　Transcom 算法

　　Transcom-3 的大气 CO_2 同化反演算法框架主要包括大气传输模型、反演算法、先验通量以及观测数据等几部分。Transcom-3 使用了 16 个不同的大气传输模型,这些模型在该同化反演框架中完成正向积分运算的过程,其目的是将预报的通量投影到观测浓度空间。对大气传输模型的通量进行反演,找出与模型和观测浓度间最优匹配的通量值,同时误差也伴随着这个寻优的过程不断传递(Kaminski et al. , 1999),通常这些误差被认为是服从高斯分布的。反演算法实质是一个同化算法,主要是基于贝叶斯法(Bayesian synthesis method);该算法基于先验通量。根据观测浓度推导出后验通量,与一般的大气海洋同化不同,反演同化中观测算子是不可或缺的部分,预测算子通常取单位矩阵。

1. 传输模型

早期的反演使用二维的传输模型计算纬向的通量分布。目前的反演研究使用的是三维传输模型,这样能够估计经向的通量分布(Gurney et al. , 2003)。Transcom-3 第一阶段使用 CSU、UCB、TM2 和 TM3 等 16 个大气传输模型,第二阶段选用 12 个,而第三阶段选用 13 个大气传输模型(Baker et al. , 2006)。这些模型具有不同的分辨率、平对流方案、亚网格参数化以及驱动风场。其中 3 个模型使用分析的风场,其他模型使用 GCM 风场。传输模型在反演框架中,将通量投影到观测浓度空间。在 Trancom-3 的第一阶段分析年均值的实验中,每个模型使用 26 个需求基础函数或通量模式方程,这些函数包括 4 个全球背景通量值和 22 个区域通量。4 个背景通量值主要由 1990 年和 1995 年年度平衡,季节性的陆表生物交换和海气交换的化石燃料燃烧组成,其余 22 个区域通量从这些全球通量中估算。季节性的生物交换,通过 CASA 模型获得。海洋通量交换($4° \times 5°$),使用的是 Taro Takahashi 等生产的月尺度的海洋交换数据(Takahashi et al. ,1999)。

2. 数据

Transcom-3 中的数据包括先验数据和观测浓度数据,先验数据在同化中也被称为初值或者背景值,主要包括陆地、化石燃料燃烧以及火灾等的先验通量。观测数据使用 GLOBALVIEW-CO_2 数据。GLOBALVIEW-CO_2 是美国国家海洋和大气管理局(NOAA)CMDL 实验室所提供的大气观测数据库。该数据目前包括 313 个观测点,包含地基、高塔、船舶和飞机等的观测数据。这些数据通常需要通过拟合,将其转化为连续的数据,曲线拟合后能够提供所有站点从 1979 年至今连续的、与基线记录同步(synchronous baseline records at all sites from 1979)的数据。GLOBAL-VIEW 也提供残差标准差信息,这些信息可用于反演算法中的不确定性分析。Transcom-3 的第一阶段所使用的 GLOBALVIEW-2000 的 1992~1996 年的 76 个站点数据;第三阶段实验则使用 78 个观测浓度数据。

反演算法。首先,需要选择一系列的通量,以构造大气 CO_2 浓度与通量间的线性关系如下(Baker et al. ,2006):

$$D = \sum_{i}^{n} S_i \boldsymbol{T}(V_i) \tag{4-1}$$

式中，V_i 可以是生物圈、海洋、化石燃料燃烧和火灾等通量数据；S_i 是线性比例系数，其作为一个通量间的调整因子，反演同化主要是对这个系数进行优化，从而降低模拟的数据与观测数据的误差；$\boldsymbol{T}$ 是大气传输模型，如果定义了观测浓度的时间和位置，就可以不断运行传输模型在每个观测区域的基础方程和采样输出。反演同化中常使用一个能将通量转换为浓度又能采样的函数 M，表示如下：

$$D = MS \tag{4-2}$$

式中，M 不仅将通量数据转为浓度，并根据观测数据的时空信息对模拟的浓度进行采样。观测区域的通量 $\boldsymbol{S}$ 可以通过最小二乘法求解，该方程可以通过最小化模型浓度和观测浓度进行构造，再考虑先验信息，便可得出如下代价函数：

$$J = \frac{1}{2} \left[(MS - D_0)^{\mathrm{T}} C(D)^{-1} (MS - D_0) + (S - S_0)^{\mathrm{T}} C(S_0)^{-1} (S - S_0) \right] \tag{4-3}$$

可以发现，该式和第 2 章中的公式很像，式中，S_0 是先验值；D_0 是观测值；$C(\cdot)$ 是误差分析函数，这些误差可能是传输模型不能真实地模拟客观世界和粗的时空分辨率等原因导致的。求解式（4-3）可以表示如下：

$$S = S_0 + M^{-1}(D_0 - MS_0) \tag{4-4}$$

该式同样对应于第 2 章中的公式（2-1），用来表示对先验值或预测值根据观测值与它们的差值进行改正，式中，M^{-1} 是一个增益矩阵，表示为如下方程：

$$M^{-1} = \left[M^{\mathrm{T}} C(D)^{-1} M + C(S_0) - 1 \right]^{-1} M^{\mathrm{T}} C(D)^{-1} \tag{4-5}$$

通过上面的公式得到分析值，还可以使用式（4-6）估计分析值的分析误差：

$$C(s) = \left[C(S_0)^{-1} + M^{\mathrm{T}} C(D)^{-1} M \right]^{-1} \tag{4-6}$$

该式表示分析误差与数据准确性和观测采样点的通量精度成正比。Transcom-3 实验研究不同大气传输模型模拟 CO_2 浓度的差异，用以后验误差分析。在每个区域返回"碳源/汇"估计以及相应的不确定性。Gurney 等（2003）将模型的不确定性分为模型内和模型间两类进行分别研究。各模型分析通量的不确定性均值可以通过公式（4-7）计算：

$$\overline{C(s)} = \sqrt{\sum_{n=1}^{N_m} C(S)^2 / N} \tag{4-7}$$

式中，N_m 是传输模型个数，各模型的后验误差估计是从后验误差协方差矩阵的对角线获得的。模型间通量估计差异用标准误差协方差表示：

$$\sigma(\boldsymbol{S}) = \sqrt{\sum\nolimits_{n=1}^{N_m} \left[C(\boldsymbol{S}) - \overline{C(\boldsymbol{s})} \right]^2 / N} \tag{4-8}$$

求解通过最小化代价函数,即式(4-3),模型间的不确定性使用 χ^2 进行分析:

$$\chi^2 = \frac{J_{\min}}{N} = \frac{\displaystyle\sum_{n=1}^{N} \frac{(\boldsymbol{MS} - \boldsymbol{D})^2}{C(\boldsymbol{D})^2} + \sum_{r=1}^{R} \frac{(\boldsymbol{S} - \boldsymbol{S}_0)^2}{C(\boldsymbol{S}_0)^2}}{N} \tag{4-9}$$

考虑到观测数据不足,以及反演算法计算量等问题,Transcom-3 实验将全球分为 22 个区(Gurney et al. ,2003;Baker et al. ,2006),包括 11 个陆地区和 11 个海洋区。如图 4-1 所示,11 个陆地分区分别为北美寒带(North American Boreal)、北美温带(North American Temperate)、南美热带(South American Tropical)、南美温带(South American Temperate)、北非(Northern Africa)、南非(South Africa)、欧亚大陆寒带(Eurasia Boreal)、欧亚大陆温带(Eurasia Boreal)、亚洲热带(Tropical Asia)、澳洲(Australia)、欧洲(Europe)。11 个海洋分区分别为北太平洋温带(North Pacific Temperate)、西太平洋热带(West Pacific Tropical)、东太平洋热带(East Pacific Tropical)、南太平洋温带(South Pacific Temperate)、北大洋洲(North Ocean)、南大洋洲(South Ocean)、北大西洋温带(North Atlantic Temperate)、大西洋热带(Atlantic Tropical)、南大西洋温带(South Atlantic Temperate)、印度洋热带(Indian Tropical)、南印度洋温带(South Indian Temperate)。

Transcom-3 第一阶段使用 37 个独立的示踪物(tracers)反演了 5 年年均 CO_2 通量(每年 365 天),这 37 个示踪物(tracers)包括 4 个预提取(pre-subtraction)示踪物、11 个 SF6 示踪物以及 22 个陆地和海洋的示踪物;第二阶段与第一阶段不同在于使用了 279 个示踪物反演了季节的 CO_2 通量;第三阶段使用不同方法,如卡尔曼滤波、伴随法等反演年际 CO_2 通量。Ending 等(1995)使用 GISS 大气示踪传输模型将海洋以及土地利用类型等进行分区,对 1986~1987 年和 1989~1990 年两个阶段的 CO_2 和 $^{13}CO_2$ 进行反演。Kaminski等(1999)基于 TM2 模型使用伴随模式反演了 1980 年纬度 8°乘以经度 10°的全球 CO_2。Transcom 的 22 分区方法被广泛采用,但是受制于有限的 CO_2 观测站点数目(数量不足)、分区较粗等原因,使得反演出来的通量数据时空分辨率都较低,通常只能达到在半月步长和半洲际范围(Rödenbeck et al. ,2003)。不少研究对 22 个分区再进行细分,如 Deng 等(2007)将北美细分为 30 个区,采用嵌套的方法进行反演。冯涛(2013)对 Transcom-3 的 22 个区中的欧洲区,根据行政边界和植被类型等进行细分,将其划分为 10 个小区,得到总共 32 个区域,使用 GEOS-Chem 模型模拟了全球 2006~2010 年的 CO_2 浓度,估算了全球陆地和海洋碳通量。

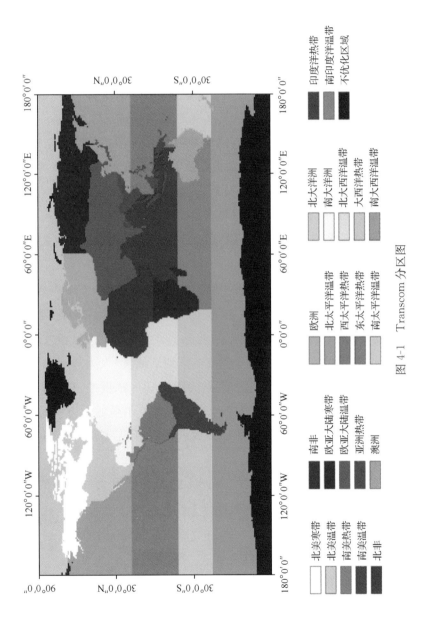

图 4-1　Transcom 分区图

4.2　CarbonTracker

4.2.1　CarbonTracker 概述

大气 CO_2 同化系统 CarbonTracker（Peters et al.，2005）是荷兰瓦格宁根大学 Wouter Peters 教授所领导的团队研发的一个碳源/汇反演工具,它以嵌套式全球大气化学传输模式 TM5(Krol et al.，2005)为大气正演模式,结合 Bayes 估计理论,以集合卡尔曼平滑算法为数据同化方法、以地基观测 CO_2 浓度为观测数据,在给定的嵌套式全球大气化学传输模式和动力约束条件下进行碳通量的预报;再根据 CO_2 观测数据对 CO_2 预报通量状态进行重新分析,使观测和模式结果误差方差达到最小的目标下,得到基于以前所有观测和当前观测的碳通量的最优估计,估测出区域碳源/汇分布。与此同时,将分析过程得到的最优估计的碳通量输入到大气传输模式 TM5 中,计算出最优 CO_2 浓度(图 4-2)。

CarbonTracker 同化的主要步骤是:①基于植被遥感参数、土壤资料和气象驱动数据,采用生态系统模型估算陆地碳通量,为 CarbonTracker 提供陆地先验碳通量场;②用大气传输模型(TM5)将这些地表(包括海洋、人为排放源和火烧碳排放)通量扩散到大气中的不同位置和高度;③消除非陆地碳通量(人为源和火烧碳排放)对观测点 CO_2 浓度的影响;④计算模拟和观测的大气 CO_2 浓度差,据此调整先验碳通量场,得到优化的后验碳通量场,并进一步利用集合卡尔曼滤波方法确定下一时间步长的不同植被功能类型的碳通量调整系数;⑤最后用后验通量场重新计算大气 CO_2 浓度分布。

不同于以往的大气 CO_2 同化系统,CarbonTracker 针对大气传输的双向嵌套方法、数据同化技术及大气 CO_2 同化框架进行了优化:

1）双向嵌套技术的实现

CarbonTracker 中的大气传输模式 TM5 实现双向嵌套技术。这种技术是 Krol 等(2005)开发的一种新的、基于大气动力学过程的算子分裂算法,其主要思想是利用大气化学传输模式可在不同空间分辨率下连续积分的功能,对于特定区域(母区域为其子区域提供一个或多个嵌套区域的边界条件),通过算子分裂法积分计算,模拟出更详细、更精确、具更高分辨的子区域 CO_2 浓度信息,并将该子区域的信息反馈

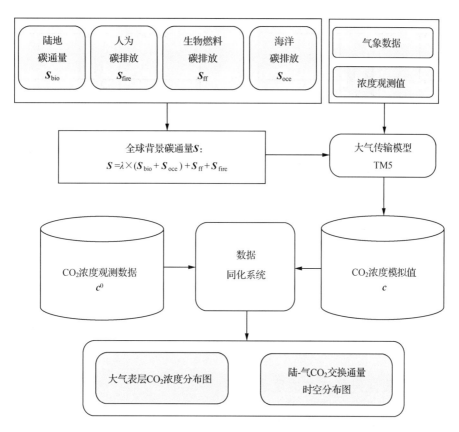

图 4-2　CarbonTracker 技术路线图

到对应的母区域,用来更新母区域的 CO_2 分布,进而提高整个系统的模拟精度,实现母-子区域网格间信息的双向传输。这种算法的特点是在对全球碳源/汇进行统一估测的基础上,根据研究的需要可设置重点研究区,令研究者既可以掌握全局信息,又可以获取重点研究区的详细信息,可减少设置侧边界条件所带来的不确定性。

　　双向嵌套的算法是在 TM5 中实现的,极大地提高了 CarbonTracker 碳源/汇反演的精度,使得 TM5 成为多种温室气体正、反演估算的有效工具(Bergamaschi et al.,2009;Meirink et al.,2008;Zhang et al.,2014a;2014b;2015;Peters et al.,2010;2007)。概括起来,TM5 中所实现的双向嵌套技术,与现常用的 GEOS-Chem 单向嵌套全球大气传输模型相比有以下优势(图 4-3):①双向嵌套算法的实现,把大气 CO_2 传输/扩散过程与嵌套劈算子算法相结合,使嵌套区与全球背景之间有着相互反馈的信息交流(全球背景为嵌套区提供边界条件,而嵌套区则把更高精度信息反馈到背景),这样提高了 CO_2 模拟的精度;②单向嵌套实现了视觉上空间变化,嵌套区与全球背景之间无信息交互,会给同化带来一定的运算量及精度问题。

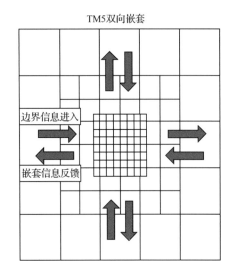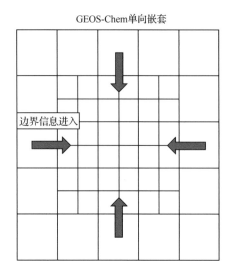

图 4-3　双向嵌套与单向嵌套的区别

总之,大气传输模式 TM5 双向嵌套算法的实现,使嵌套区与全球背景之间有着相互反馈的信息交流,极大地提高了 CO_2 的模拟精度。

2) CO_2 数据同化技术的改进

CarbonTracker 对 CO_2 数据同化技术的改进,可概括为以下两点:①根据 CO_2 浓度与源汇之间动力学传输机理(浓度与源汇之间转化在时间上存在滞后),提出了一个滞后卡尔曼滤波平滑算法(fixed ensemble Kalman smoother),使得 CO_2 模拟过程更接近真实世界;②对 CO_2 数据同化过程的状态更新阶段进行优化处理,在同一个同化窗口内用类似卡尔曼增益(Kalman gain)法,对 CO_2 浓度进行更新,简化更新过程,这样大大减少了计算量,提高运算效率。

3) 优化 Transcom 分区

传统的大气反演模型,按照 Transcom 分区,只将全球分为 11 个陆地区和 11 个海洋区(图 4-1),其模拟结果的空间分辨率比较低。CarbonTracker 改进了大气反演模型的分区设计,在现有的 Transcom 分区基础上,根据气候分区和植被类型进一步将全球分为 240 个气候-植被类型区(图 4-4)。这种细化后的分区方案,可以对相同植被功能类型但位于不同分区内的碳通量分别进行优化。这样不仅提高了大气反演所能得到的地表碳通量的空间分辨率,而且提高了反演的碳通量的精度。

目前,CarbonTracker 在陆地生态系统碳源/汇估测研究中取得了很多有显示度

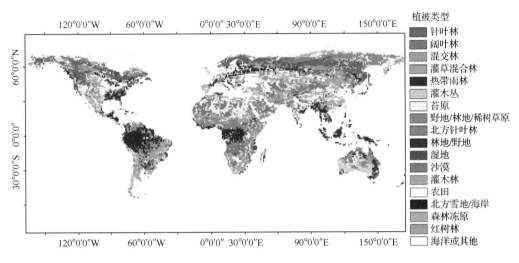

图 4-4 CarbonTracker 在全球陆地生态分区植被图

的成果。例如,成功地估测了北美、欧洲和亚洲地区的碳源/汇分布特征(Peters et al., 2007; 2010; Zhang et al., 2014a; 2014b; 2015)。该同化系统已成为区域碳源/汇估测的重要工具。

4.2.2 CarbonTracker 算法

类似于 Transcom 算法(见 4.1.2 Transcom 算法),CarbonTracker 由先验通量模块、大气传输模块、观测模块和数据同化模块 4 个模块组成。其中,先验通量模块包括陆地、海洋、化石燃料以及火烧碳释放分量,按照公式(4-10)来计算净碳通量 $F(x,y,t)$:

$$F(x,y,t) = \sum_{r=1}^{N_{\text{eco}}} \lambda_r^{\text{eco}} F_{\text{bio}}(x,y,t) + \sum_{r=1}^{N_{\text{oce}}} \lambda_r^{\text{oce}} F_{\text{oce}}(x,y,t) + F_{\text{ff}}(x,y,t) + F_{\text{fire}}(x,y,t)$$

$$(4\text{-}10)$$

式中, F_{bio} 和 F_{oce} 分别代表陆地和海洋的先验通量,时间分辨率为 3 h,空间分辨率为 $1° \times 1°$; F_{ff} 和 F_{fire} 分别代表给定的化石燃料排放源和植被燃烧排放源,时间分辨率为月,空间分辨率为 $1° \times 1°$; λ 为线性比例系数,每种生态分区(图 4-4)都有一个 λ,该系数代表先验陆表碳通量 F_{bio} 和先验海洋碳通量 F_{oce} 有一定偏差,通过线性比例系数 λ 来调整该偏差。在 CarbonTracker 数据同化系统中, F_{bio}、 F_{oce}、 F_{ff} 和 F_{fire} 为输入数据,而 λ 则为求解对象。线性比例系数 λ 也是 CarbonTracker 最终求解数,通过求解

出最优 λ,从而求算出最优的 CO_2 碳通量,实现碳源/汇的模拟估算。值得注意的是,λ 是不同类型的陆地和海洋生态系统在大气 CO_2 反演模型 CarbonTracker 的体现方式。正如前面所述,CarbonTracker 优化了 Transcom 分区,在原有的 11 个陆地区和 11 个海洋区基础上(图 4-1 和图 4-4),对全球 240 个分区的每个分区分别对应一个 λ,系统通过调整和优化 λ 值来实现每一种气候-植被类型分区碳源/汇的优化。

大气传输模块,是一个全球三维大气化学成分传输模式,它以通量模块获取的净碳通量 $F(x,y,t)$、气象输入数据(如风、湿、温、压等)为驱动数据,驱动传输模块运行,模拟出全球范围的大气 CO_2 浓度。

观测模块,则根据输入 CO_2 观测浓度的时空信息(lon,lat,alt,t),对大气传输模块模拟出的浓度数据进行采样,生成与观测数据时空相匹配的模拟浓度。把获取的观测-模拟浓度数据进行优化。

数据同化模块,对比 CO_2 模拟浓度和观测浓度(如卫星柱观测浓度、地基浓度等),通过求解最小化模拟浓度与观测浓度之差,实现 CO_2 浓度/源汇的双优化。

1. 大气传输模块

在 CarbonTracker 中,采用大气传输模型 TM5 为大气 CO_2 同化系统的观测算子,其起到承接大气 CO_2 浓度和地球表面碳通量的作用,用以模拟 CO_2 浓度。我们已在"3.1.2 大气传输模型"中,对 TM5 的发展历程进行了说明,在此不在重述。TM5 的最大优势是在大气 CO_2 传输过程中,能够进行研究区的嵌套,实现重点区域的更高空间分辨模拟和分析(见"4.2.1 CarbonTracker 概述")。

采用 ECMWF 再分析数据为 TM5 的气象驱动数据。其时空分辨率分别为 3 h 和 $1°×1°$,垂直分层为 60 层。TM5 模拟结果的时间分辨率可为时、天、周、月、年,空间分辨可为 $6°×4°$、$3°×2°$、$1°×1°$ 及 $0.5°×0.5°$,$0.25°×0.25°$(前提是有足够的观测数据),垂直分层为 25(hybrid sigma-pressure levels)。TM5 运行的技术流程和步骤如图 4-5 所示。

(1) 数据初始化:以先验 CO_2 浓度场为模型初始场,以温度、湿度、气压等气象数据、先验通量数据(陆地、海洋、火烧及人为碳排放数据)驱动数据,驱动大气 CO_2 传输模型;

(2) CO_2 大气过程模拟:利用双向嵌套算法中的算子分裂算法来实现 CO_2 传输、扩散过程的模拟;

(3) 结果:计算出 CO_2 浓度。

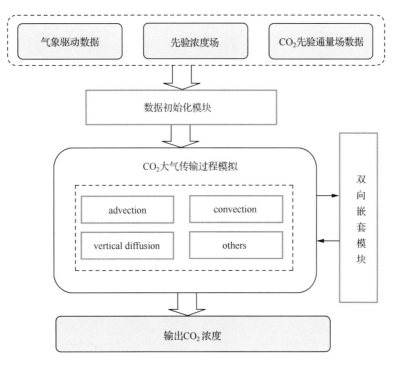

图 4-5　大气传输模型 TM5 技术路线图

2. 数据同化

大气 CO_2 同化系统 CarbonTracker，以站点 CO_2 浓度作为观测数据，通过最小化模拟浓度与观测浓度之间的差值来求解最优 CO_2 通量，其代价函数如下：

$$J = \frac{1}{2}\left[y^0 - H(x)\right]^\mathrm{T} R^{-1}\left[y^0 - H(x)\right] + \frac{1}{2}(x - x_0)^\mathrm{T} P^{-1}(x - x_0) \quad (4\text{-}11)$$

式中，y^0 是 CO_2 浓度观测值，R 是观测值的误差协方差矩阵；x^0 是先验 CO_2 通量；P 是 CO_2 通量的背景误差协方差矩阵；x 是状态变量，代表同化模型中要求解的 CO_2 通量；H 是观测算子，用以模拟 CO_2 浓度值并根据观测数据的空间、时间信息来对模拟浓度进行采样，为同化提供数据准备。式中 x_0 是一个由陆地、海洋、人为源和植被燃烧排放源组成的先验碳排放函数，其公式见式(4-10)。

通过最小化式(4-11)，求解出最优的后验状态变量 x^a：

$$x^a = x_0 + PH^\mathrm{T}(H^\mathrm{T}PH + R)^{-1}\left[y^0 - H(x_0)\right] \quad (4\text{-}12)$$

和它的后验协方差 P^u[设 $K = PH^\mathrm{T}(H^\mathrm{T}PH + R)^{-1}$]：

$$P^u = (I - KH)P \quad (4\text{-}13)$$

4.3　小　　结

本章主要对 Transcom 和 CarbonTracker 大气 CO_2 同化系统进行了介绍,描述了这两个同化框架的组成和同化算法的实现过程。

主要参考文献

冯涛. 2013. 地表大气 CO_2 浓度数值模拟及碳通量反演研究. 南京大学博士学位论文

Baker D F, Law R M, Gurney K R, et al. 2006. Transcom 3 inversion intercomparison: Impact of transport model errors on the interannual variability of regional CO_2 fluxes, 1988-2003. Global Biogeochemical Cycles, 20(1):GB1002

Bergamaschi P, Frankenberg C, Meirink J F, et al. 2009. Inverse modeling of global and regional CH_4 emissions using SCIAMACHY satellite retrievals. Journal of Geophysical Research: 114(D22)

De Laat A, Landgraf J, Aben I, et al. 2007. Validation of global ozone monitoring experiment ozone profiles and evaluation of stratospheric transport in a global chemistry transport model. Journal of Geophysical Research: Atmospheres (1984-2012): 112(D05)

De Laat A, Van Der A R, Van Weele M. 2009. Evaluation of tropospheric ozone columns derived from assimilated GOME ozone profile observations. Evaluation, 9(20): 11811-11841

De Meij A, Krol M, Dentener F, et al. 2006. The sensitivity of aerosol in Europe to two different emission invento- ries and temporal distribution of emissions. Atmospheric Chemistry and Physics Discussions, 6(12): 3265-3319

Deng F, Chen J M, Ishizawa M, et al. 2007. Global monthly CO_2 flux inversion with a focus over North America. Tellus B, 59(2): 179-190

Enting I G, Trudinger C M, Francey R J. 1995. A synthesis inversion of the concentration and δ^{13} C of atmospheric CO_2. Tellus B, 47(1-2): 35-52

Ganzeveld L, Lelieveld J, Roelofs G J. 1998. A dry deposition parameterization for sulfur oxides in a chemistry and general circulation model. Journal of Geophysical Research: Atmospheres, 103(D5): 5679-5694

Gloudemans A, Krol M, Meirink J, et al. 2006. Evidence for long-range transport of carbon monoxide in the South- ern Hemisphere from SCIAMACHY observations. Geophysical Research Letters, 33(16):L16807

Guelle W, Balkanski Y J, Schulz M, et al. 1998. Wet deposition in a global size-dependent aerosol transport model: 1. Comparison of a 1 year 210Pb simulation with ground measurements. Journal of Geophysical Research: Atmos- pheres, 103(D10): 11429-11445

Gurney K R, Law R M, Denning A S, et al. 2002. Towards robust regional estimates of CO_2 sources and sinks using atmospheric transport models. Nature, 415(6872): 626-630

Gurney K R, Law R M, Denning A S, et al. 2003. Transcom 3 CO_2 inversion intercomparison: 1. Annual mean control results and sensitivity to transport and prior flux information. Tellus B, 55(2): 555-579

Gurney K R，Law R M，Denning A S，et al. 2004. Transcom 3 inversion intercomparison：Model mean results for the estimation of seasonal carbon sources and sinks. Global Biogeochem Cycles，18(1)：GB1010，DOI：10.1029/2003GB002111

Heimann M，Monfray P，Polian G. 1988. Long range transport of Rn-222：A test for 3D tracer models. Chemical Geology，70(1)：98-98

Holtslag A，Boville B. 1993. Local versus nonlocal boundary-layer diffusion in a global climate model. Journal of Climate，6(10)：1825-1842

Hooghiemstra P，Krol M，Meirink J，et al. 2011. Optimizing global CO emissions using a four-dimensional variational data assimilation system and surface network observations. Atmospheric Chemistry and Physics Discussions，11：341-386

Houweling S，Dentener F，Lelieveld J. 1998. The impact of non-methane hydrocarbon compounds on tropospheric photochemistry. Journal of Geophysical Research：Atmospheres，103：10673-10696

Kaminski T，Heimann M，Giering R. 1999. A coarse grid three-dimensional global inverse model of the atmospheric transport：2. Inversion of the transport of CO_2 in the 1980s. Journal of Geophysical Research：Atmospheres (1984-2012)，104(D15)：18555-18581

Krol M，Houweling S，Bregman B，et al. 2005. The two-way nested global chemistry-transport zoom model TM5：Algorithm and applications. Atmospheric Chemistry and Physics，5(2)：417-432

Law R M，Chen Y H，Gurney K R，et al. 2003. TransCom 3 CO_2 inversion intercomparison：2. Sensitivity of annual mean results to data choices. Tellus B，55(2)：580-595

Law R M，Rayner P J，Denning A S，et al. 1996. Variations in modelled atmospheric transport of carbon dioxide and the consequences for CO_2 inversions. Global Biogeochemical Cycles，10(4)：783-796

Louis J F. 1979. A parametric model of vertical eddy fluxes in the atmosphere. Bound-Lay Meteorology，17(2)：187-202

Meirink J F，Bergamaschi P，Krol M C. 2008. Four-dimensional variational data assimilation for inverse modelling of atmospheric methane emissions：method and comparison with synthesis inversion. Atmospheric Chemistry and Physics，8(21)：6341-6353

Peters W，Jacobson A R，Sweeney C，et al. 2007. An atmospheric perspective on North American carbon dioxide exchange：CarbonTracker. Proceedings of the National Academy of Sciences，104(48)：18925-18930

Peters W，Krol M C，Van Der Werf G R，et al. 2010. Seven years of recent European net terrestrial carbon dioxide exchange constrained by atmospheric observations. Global Change Biology，16(4)：1317-1337

Peters W，Miller J B，Whitaker J，et al. 2005. An ensemble data assimilation system to estimate CO_2 surface fluxes fromatmospheric trace gas observations. Journal of Geophysical Research：Atmospheres (1984—2012)，(110)：D24304，doi：10.1029/2005JD006157

Prather M J. 1986. Numerical advection by conservation of second-order moments. Journal of Geophysical Research：Atmospheres (1984—2012)，91(D6)：6671-6681

Rödenbeck C，Houweling S，Gloor M，et al. 2003. CO_2 flux history 1982-2001 inferred from atmospheric data using a global inversion of atmospheric transport. Atmospheric Chemistry and Physics，3(6)：1919-1964

Russell G L, Lerner J A. 1981. A New Finite-Differencing Scheme for the Tracer Transport Equation. Journal of Applied Meteorology, 20(12): 1483-1498

Takahashi T, Wanninkhof W H, Feely R A, et al. 1999. Net sea-air CO_2 flux over the global oceans: An improved estimate based on the sea-air pCO_2 difference. *In*: Nojiri Y, eds. Proceedings of the 2nd International Symposium on CO_2 in the Oceans. Second International Symposium on Carbon Dioxide in the Oceans. Tsukuba: Center for Global Environmental Research, National Institute for Environmental Studies, Environmental Agency of Japan. 9-15

Tiedtke M. 1989. A comprehensive mass flux scheme for cumulus parameterization in large-scale models. Mon Weather Rev, 117(8): 1779-1800

Zhang H F, Chen B Z, Laan-Luijkx I T, et al. 2014a. Net terrestrial CO_2 exchange over China during 2001-2010 estimated with an ensemble data assimilation system for atmospheric CO_2. Journal of Geophysical Research: Atmospheres, 119(6): 3500-3515

Zhang H F, Chen B Z, Machida T, et al. 2014b. Estimating Asian terrestrial carbon fluxes from CONTRAIL aircraft and surface CO_2 observations for the period 2006-2010. Atmos. Chem. Phys. , 14(11): 5807-5824

Zhang H F, Chen B Z, Xu G, et al. 2015. Comparing simulated atmospheric carbon dioxide concentration with GOSAT retrievals. Science Bulletin, 60(3):380-386

第5章 中国大气 CO_2 同化系统

　　通过与一些国际著名的碳循环研究方面的实验室合作,作者团队在长期积累的大气模型、陆面生态模型以及同化技术的基础上,依托中国科学院地理科学与资源研究所、资源与环境信息系统国家重点实验室的软、硬件技术条件,较早开展了我国嵌套式大气 CO_2 同化反演方面的研究工作。在国家863项目“基于碳卫星的遥感定量监测应用技术研究”之“全球碳观测数据同化系统”子课题(2013AA122002,2013.01~2015.12)和中国科学院战略性先导科技专项“应对气候变化的碳收支认证及相关问题”之子课题“基于 GCM 模式的全球同化系统”(XDA05040403,2011.01~2015.12)的支持下,与 CarbonTracker 的主要研发者之一的荷兰 Wageningen University 大学的 Dr. Wouter Peters 教授合作,成功地研发了中国科学院(中科院)中国碳追踪同化系统(CarbonTracker-China, CAS, CT-China)。该系统把 CarbonTracker 嵌套到中国区域(中国区 $1°×1°$,中国以外的全球和亚洲区域分别为 $6°×4°$, $3°×2°$),针对中国区域地理、地貌、生态系统、气候带等特征,在同化反演系统的框架设计、下垫面数据、陆地生态系统先验通量、同化算法等诸多方面进行了改进(Zhang et al. ,2014a;2015;2014b)。这个系统的命名和成果发布,得到了美国国家海洋与大气管理局(NOAA, National Oceanic and Atmospheric Administration)和欧洲 CarbonTracker 研发团队官方认可。这是继美国国家海洋与大气管理局 CT-NA(CarbonTracker-North America, NOAA)和欧洲 CT-Europe (CarbonTracker-Europe)之后的全球第三个完整的全球尺度嵌套式碳同化系统,这 3 个 CarbonTracker 官方网站实现统一网页模板、同时实时向全球发布这 3 个嵌套同化系统的研究结果,提供全球用户免费数据下载(图 5-1)。这表明我们国家在全球高时空分辨率碳同化反演方面已跻身于全球先进行列。中科院中国碳追踪同化系统,强化了对中国陆地生态系统的碳源/汇模拟,提高了中国区域的模拟精度。这 3 个同化系统对中国区域的估算结果的对比表明:北美和欧洲的同化系统明显低估了中国的碳汇量。而 CT-China 的诞生,能够为中国参加全球气候变化谈判、进行生态管理和资源优化提供有力支撑。这个系统已安装于国家气象卫星中心进行准业务化运行。该成果被《科技日报》以“我国首个高时空分辨率碳同化反演系统于日前发布”为题进行了报道。

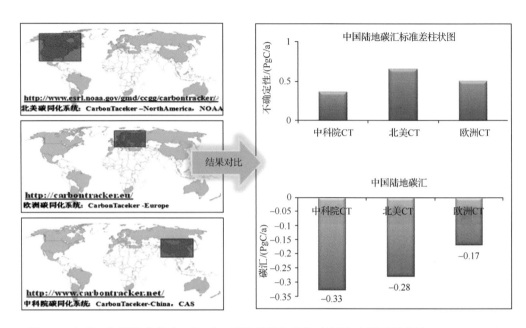

图 5-1　全球 3 个嵌套式 CarbonTracker(CT)碳同化系统对比图(右图的结果为 2001～2010 年
中国陆地生态系统碳汇的平均结果)

5.1　碳同化系统环境设定及改进

中科院中国碳同化系统(CT-China)是有效估测陆地生态系统碳源/汇动态分布的工具之一,它在跨尺度、多源观测数据融合、模型同化等方面具有优势。该同化系统在嵌套区设置、数据收集、模型算法及生态系统模型上,根据中国地理空间特征,有针对性地对数据同化模型进行了改进。

5.1.1　嵌套区设定

正如"4.2 CarbonTracker"所述,CarbonTraker 是一个全球尺度嵌套式碳同化系统。所谓的"嵌套式碳同化系统",是指将 Krol 等(2005)提出的双向嵌套技术应用到大气 CO_2 动力学传输和扩散过程中,利用算子分裂算法,实现大气传输模式可在不同空间分辨率下连续积分的功能,完成对重点研究区进行算子分裂法积分计算,模拟出更详细、更精确、在嵌套区具有更高分辨的 CO_2 信息。嵌套区的设定,令使用者可以根据科学研究目标或关注区域的不同,在全面了解全球 CO_2 浓度/通量变化背景下,有针对性对特定区域进行特殊处理,以获取嵌套区内更高精度的碳源/汇估测信息。

　　嵌套区分辨率的设置(如 $6°×4°$、$3°×2°$、$1°×1°$)与重点研究区输入资料(如先验通量数据)的时空分辨率及观测点的数量、质量密切相关。在输入资料及观测点数据相适应的条件下,嵌套区空间分辨率越高,估测出来的重点研究区的碳源/汇结果就越准确。反之,在数据分辨率不够或观测点数量不充足时,嵌套区的模拟结果将不会有大的改进。此外,不同母、子嵌套区之间的空间分辨率设置要遵循倍数关系,这样才能实现算子分裂。

　　目前,欧洲 CT-Europe 和北美 CT-NA 的碳同化系统,根据其研究目标不同,分别把它们的嵌套区设置在欧洲和北美(图 5-1 左图),而中国碳同化系统 CT-China 自然而然把重点研究区设定为中国(图 5-1 左图)。同时,为了更好地提高中国区的碳源/汇估测信息的准确度,CT-China 还将嵌套区设置为 2 层(图 5-2,即亚洲 $3°×2°$,中国 $1°×1°$),将更多的亚洲周边观测信息融入到中国区碳源/汇同化运算中,以支持更高精度的中国嵌套区 CO_2 的模拟和通量反演。

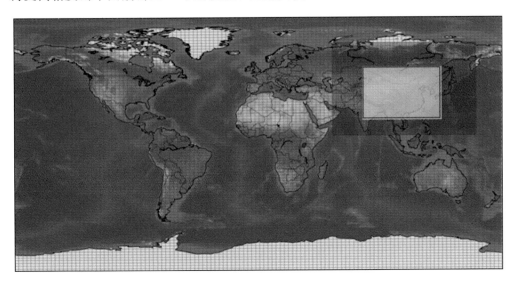

图 5-2　中科院中国碳同化系统 CT-China 同化模型的嵌套设置

(全球 $6°×4°$,亚洲 $3°×2°$,中国 $1°×1°$)

5.1.2　气候-植被分区设定

　　如"4.2 CarbonTracker"所描述,CarbonTracker 碳同化系统,为了提高碳源/汇

估测精度,对 Transcom 大气反演框架进行了改进:传统的大气反演模型只将全球分为 11 个陆地区和 11 个海洋区(见"4.1 Transcom"),其模拟结果的时间和空间分辨率都比较低。CarbonTracker 改进了大气反演模型的分区设计,在现有的 Transcom 分区基础上,根据气候分区和植被类型进一步将全球分为 240 种气候-植被类型分区(图 4-4)。这种细化后的分区方案提高了大气反演地表碳通量的时空分辨率和反演精度,相比于 Transcom,取得更好的效果。

　　然而,CT-NA 和 CT-Europe 采用的气候-植被分区是依据 Olson 等[①]的植被类型分布数据完成的。该套植被类型数据的时效性及准确性都存在不少问题,尤其是在中国区域,数据精度问题更大。为了提高重点研究区的估测精度,中科院中国碳同化系统 CT-China,对目前 CarbonTracker 的 240 种气候-植被类型进行了重新设置。我们用 MODIS(MCD12Q1 version 051 of year 2005)植被类型分布数据代替 Olson 等(1985)的植被类型图。

　　在植被类型转化之前,首先对 MODIS 数据进行重采样,利用最大面积法把 MODIS 数据采样为 1°×1° 的植被类型图,再根据表 5-1 对 MODIS 与 Olson 等(1985)间相应植被类型进行转化(图 5-3)。把转化后的 MODIS 植被类型,按照气候特征进行进一步分区,形成新的气候-植被分区图,在中科院中国碳同化系统中,再根据 CarbonTracker 的背景误差协方差矩阵规则,结合新的气候-植被分区图,形成相应的背景误差协方差矩阵,用于 CT-China 系统的同化。

表 5-1　MODIS 与 Olson 等(1985)间相应植被类型转化对应表

	MODIS(IGBP)	Olson 等(1985)
0	水体(water bodies)	18 其他[non-optimized areas (ice, polar desert, inland seas)]
1	常绿针叶林(evergreen needleleaf forest)	1 针叶林(conifer forest)
2	常绿阔叶林(evergreen broadleaf forest)	5 热带雨林(tropical forest)
3	落叶针叶林(deciduous needleleaf forest)	1 针叶林(conifer forest)
4	落叶阔叶林(deciduous broadleaf forest)	2 阔叶林(broadleaf forest)
5	混合林(mixed forest)	3 混合林(mixed forest)
6	高覆盖度灌木林(closed shrublands)	13 灌丛(shrub/tree/suc)
7	低覆盖度灌木林(open shrublands)	4 灌草混合林(grass/shrub)
8	木本热带稀树草原(woody savannas)	8 林地/草原(fields/woods/savanna)

① Olson J S,Watts J A, Allison L J. 1985. Major World Ecosystem Complexes Ranked by Carbon in Live Vegetation: A Database, NDP-017, Oak Ridge Natl. Lab, Oak Ridge, Tennessee

续表

	MODIS(IGBP)	Olson 等(1985)
9	无树热带稀树草原(savannas)	13 灌丛(shrub/tree/suc)
10	草地(grasslands)	4 灌草混合林(grass/shrub)
11	永久性湿地(permanent wetlands)	11 湿地(wetlands)
12	农田(croplands)	14 农田(crops)
13	城镇用地(urban and built-up)	18 其他[non-optimized areas (ice, polar desert, inland seas)]
14	农田或其他自然植被(cropland/natural vegetation mosaic)	14 农田(crops)
15	冰川雪地(snow and ice)	18 其他[non-optimized areas (ice, polar desert, inland seas)]
16	裸地(barren or sparsely vegetated)	12 沙漠(deserts)

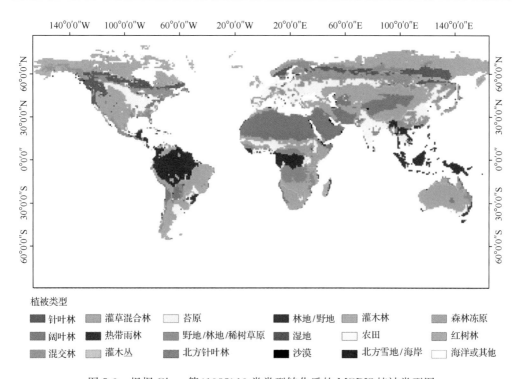

植被类型

■ 针叶林	■ 灌草混合林	□ 苔原
■ 阔叶林	■ 热带雨林	■ 野地/林地/稀树草原
■ 混交林	■ 灌木丛	■ 北方针叶林

■ 林地/野地	■ 灌木林	■ 森林冻原
■ 湿地	□ 农田	■ 红树林
■ 沙漠	■ 北方雪地/海岸	□ 海洋或其他

图 5-3　根据 Olson 等(1985)19 类类型转化后的 MODIS 植被类型图

5.1.3　协方差膨胀

集合卡尔曼滤波算法存在着滤波发散的问题,即同化过程中,有限的集合数目会导致背景误差偏小,出现排斥观测值的现象。在中科院中国碳同化系统资料同化过程中,为了解决模式误差问题,避免滤波发散的问题出现,控制集合离散误差在一定合理的范围内,我们采用如式(5-1)的协方差调节算法:

$$x_i^b = \rho(x_i^b - \overline{x_i^b}) + \overline{x_i^b} \tag{5-1}$$

式中,上标 b 表示为状态变量 x 的背景场,膨胀系统 ρ 取值为 1.3。

5.1.4　CT-China 与陆面过程模型在线耦合

针对现有的 CarbonTraker 模型的陆-气模型间的离线耦合方式所导致的不能把优化后的碳通量反馈到陆面过程模型中,进而无法对陆地生态系统模型中的关键参数进行优化的缺陷,对 CarbonTracker 进行了改进,实现了中科院中国碳同化系统与具有自主知识产权的陆面过程模型(dynamic land model,DLM)的在线耦合,双向在线同化,可以同时对碳通量分量(GPP 和 R_e)以及过程模型中的关键碳参数(光合和呼吸)进行优化。CT-China 大气 CO_2 同化系统与陆面生态系统模型 DLM 在线耦合的实现,可以获得全球跨尺度和区域嵌套的陆-气碳交换分量(GPP 和 R_e),提高碳源/汇的估算精度;同时,通过这个在线耦合系统,可以优化、反演出中尺度(景观到区域)关键的碳过程参数:光合最大羧化作用速率 V_{cmax} 和呼吸温度敏感参数 Q_{10}。大气 CO_2 同化系统-陆面生态过程模型耦合框架如图 5-4 所示。

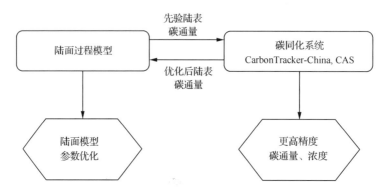

图 5-4　大气 CO_2 同化系统-陆面生态过程模型耦合框架

5.1.5　动态陆面模型 DLM 简介

DLM 是基于 ecosystem-atmosphere simulation scheme(EASS)(Chen et al.,2007)发展起来的陆面过程模型。主要特点包括:①使用遥感数据描述植被的时间

和空间信息,其中,叶面积指数数据每 10 天更新一次。在 LAI 模拟中添加冠层簇团指数(Ω),以模拟三维冠层结果对辐射、水和碳通量的影响。簇团指数(Ω)由多角度遥感数据获得。②将植被覆盖作为单独的一层。在能量通量和碳通量模拟中,将冠层划分为阴叶和阳叶,有效地减小了采用"大叶模型"估算所产生的偏差。③完全耦合并同时模拟了土壤-植被-大气系统中能量循环、水循环和碳同化。植被光合作用、蒸腾以及气孔导度之间相互联系。气孔生理受光照/覆盖叶片温度、光合作用辐射吸收量、大气 CO₂ 浓度、蒸汽压差、土壤水分和叶片氮含量的共同影响。土壤水分和不同土层的温度影响着各个碳库的分解速率。用改进的 CENTURY 土壤子模型模拟土壤碳库动态。④采用可变的多层结构对降雪和土壤进行模拟。使用者可根据土壤物理结构、雪层深度、应用目的自行定义土壤和雪的层数,以及每一层的厚度。土壤剖面分为 7 层,从表层到第六层每一层呈指数增加(分别为 0.05 m、0.1 m、0.2 m、0.4 m、0.8 m 和 1.6 m)。上面 6 层的深度共为 3.15 m,用于模拟土体的能量扩散。土层的划分同样应用于雪层。雪层的总深度对时间步长更新。当雪层厚度低于 5 cm 时,将作为第一层土壤层的一部分。

基于 EASS 模型发展起来的 DLM 模型,以美国国家大气研究中心研发的地球系统模式 Community Earth System Model v1.0.3(CESM 1.0.3)为框架,改进了该模式的陆面过程模型中关于植被冠层和土壤层的水热通量、动态植被的部分算法,并重新优化了其中与植被类型相关的参数。算法对比研究显示,由于采用双叶彭曼公式模拟植被蒸发,改进算法以及参数优化后的 DLM 模型能够较好地模拟不同类型植被之间的潜热通量(Chen and Chen,2013)。

图 5-5 为 DLM 模型的结构框架。模型包含土壤垂直剖面、植被(如果存在)和大气,这三者构成了一个包含两个交互界面的整体系统。DLM 模型中,能量平衡和水平衡相耦合,并且在冠层和下垫面分别进行研究。受可获取的空间数据的限制和对计算资源需求的考虑,该模型假设在水平方向上,同一模拟单元环境和植物条件相一致,而忽略各像元之间的交互作用。垂直方向上的能量通量和水汽通量共同决定了热量动态和水汽的动态变化。为了与输入模型的卫星数据相一致,DLM 将植被层单独考虑。此外,模型假定土壤和冰雪剖面为多层结构,以模拟其间的能量交换和水汽传输。模型使用者可根据剖面的土壤物理结构和研究目标自定义雪层数和土壤层数,以及每一层的结构。雪层数亦可根据雪层厚度调整。默认的版本,将土壤剖面(包括森林表层、有基层和矿物质土壤层)划分为 7 层,且表层向下到第七层的厚度呈指数增加(分别为 0.05 m、0.1 m、0.2 m、0.4 m、0.8 m 和 1.6 m)。上面 6 层(共 3.15m)用于模拟土柱的能量扩散。土壤层的划分同样适用于雪层。雪层厚

度在计算每一个时间步长时均被更新。当雪层厚度小于 5cm 时，被视为第一层，并根据权重获得栅格单元值。

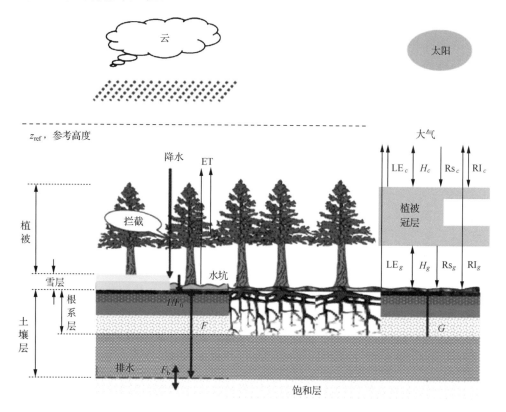

图 5-5　DLM 模型框架

模型分别描述土壤层、植被层和大气，形成两个剖面。右侧显示了 3 个组成之间的能量通量交换。LE、H、Rs、Rl、ET 和 G 分别表示潜热通量、感热通量、短波辐射、长波辐射、蒸散发和土壤传导热通量。左侧描述了土壤水分通量。F 表示土壤层间的水分传导。F_0 表示进入土壤表层水分。I 表示真实的下渗速率。F_b 表示土壤层底部和地下水间的水分交换

5.1.6　CT-China 与 DLM 在线耦合流程

将动态陆面过程模型（Dynamic Land Model，DLM）模拟结果作为 CT-China 的陆地先验通量（先验 NEE），结合海洋、火烧及化石燃料碳排放数据，驱动大气传输模型 TM5 的运行，模拟先验大气 CO_2 浓度。在此基础上，集合 CO_2 观测和数据同化方法，同化出后验 NEE。再利用同化后的 NEE 来优化生态模型的 GPP 和 R_e 关键参数。GPP、R_e 具体优化过程如下：对于 t 时刻的净生态交换 NEE_t 判断，若 t 时刻

为夜间,则可得到 t 时刻生态呼吸 $R_{e_t} = NEE_t$,此时结合气象数据(气温)、其他输入数据(如 b_1,b_2),采用公式 $R_{e_t} = r_v \times e^{b_1 \times (T_a - 15)} + b_2 \times GPP_{前3小时}$,可求解出呼吸系数 r_v;若 t 时刻为白天,则根据公式 $GPP_t = NEE_t + R_{e_t}$ 及当天夜间求解出的呼吸系数 r_v 获取 GPP。最终结合气象数据、其他输入数据和同化算法,求解光合最大羧化作用速率 V_{cmax} 和呼吸温度敏感参数 Q_{10},更新 DLM 中的关键参数,为 $t+1$ 时刻的陆地通量的模拟作准备。模型耦合的流程见图 5-6。这种在线双向陆-气耦合方法和区域尺度关键参数优化技术,同样适用于简单的生态系统模型。

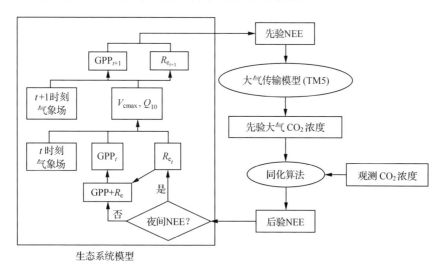

图 5-6　CT-China 与 DLM 耦合流程

5.1.7　CT-China 与 DLM 在线耦合中碳通量分量的数据同化方法

在 CT-China 中,采用集合平滑卡尔曼滤波来同化碳通量,CO_2 碳通量的计算公式为

$$f(\lambda) = \lambda \times S_{GPP} + \lambda \times S_{R_e} + \lambda \times S_{oce} + S_{ff} + S_{fire} \qquad (5-2)$$

式中,S_{GPP} 和 S_{R_e} 分别为先验陆表碳通量分量 GPP 和 R_e;S_{oce} 为先验海洋碳通量;S_{ff} 为化石燃料碳通量;S_{fire} 为火烧碳通量;λ 为线性比例系数,每个生态分区都有一个 λ,该系数代表先验陆表碳通量(S_{GPP} 和 S_{R_e})和先验海洋碳通量 S_{oce} 有一定偏差,通过线性比例系数 λ 来调整该偏差。在 CT-China 碳同化系统中,S_{GPP}、S_{R_e}、S_{oce}、S_{ff} 及 S_{fire} 为输入数据,而 λ 则为求解对象。线性比例系数 λ 也是 CT 最终求解数,通过求解出最优 λ,从而求算出最优的 CO_2 碳通量,实现净碳源/汇及其分量的同化反演。遵循大气

同化反演通常所设定的假设原则:假定化石燃料和火烧先验碳通量的误差在可以接受的范围内,而陆地和海洋碳通量存在相对最大的不确定性。这样,大气同化系统通常只对陆表碳通量和海洋碳通量进行优化[如(5-2)中,线性比例系数 $\boldsymbol{\lambda}$ 只对 $\boldsymbol{S}_{GPP}$、$\boldsymbol{S}_{R_e}$ 和 $\boldsymbol{S}_{oce}$ 产生约束]。为了检验化石燃料和火烧先验碳通量误差对反演优化的后验陆地碳通量分量(GPP 和 R_e)和海洋碳通量不确定性的影响,本项目将设计采用不同的先验化石燃料和火烧碳通量数据驱动 CarbonTracker-China 同化模型,以评价反演优化的后验陆地和海洋碳通量的不确定性。在线耦合系统中碳通量分量的优化反演通过如下两步来完成:①状态变量分析过程;②状态变量预报过程。

1. 状态变量分析过程

我们给出碳同化法的代价函数:

$$J = \{\boldsymbol{C}^o - \boldsymbol{H}[f(\boldsymbol{\lambda})]\}^T \boldsymbol{R}^{-1} \{\boldsymbol{C}^o - \boldsymbol{H}[f(\boldsymbol{\lambda})]\} + (\boldsymbol{\lambda} - \boldsymbol{\lambda}^b)^T \boldsymbol{P}^{-1}(\boldsymbol{\lambda} - \boldsymbol{\lambda}^b) \quad (5\text{-}3)$$

用最大似然法解代价函数(5-3),通过求解最优 $\boldsymbol{\lambda}$(维度为 s) 使观测 $\boldsymbol{c}^o$(维度为 m)、观测方差 $\boldsymbol{R}$(维度为 $m \times m$) 和状态变量背景值 $\boldsymbol{\lambda}^b$(维度为 s)、背景协方差 $\boldsymbol{P}$(维度为 $s \times s$) 信息达到平衡,实现最小 J 的求解。此外,代价方程中观测算子 $\boldsymbol{H}$,除了有连接 CO_2 浓度和通量的功能外,还具有对 $f(\boldsymbol{\lambda})$ 抽样的功能。

用最大求解的似然法求解的状态变量 $\boldsymbol{\lambda}$ 和它的协方差 $\boldsymbol{P}$ 的计算公式如下:

$$\boldsymbol{\lambda}_t^a = \boldsymbol{\lambda}_t^b + \boldsymbol{K}[\boldsymbol{C}^o - \boldsymbol{H}(\boldsymbol{\lambda}_t^b)] \quad (5\text{-}4)$$

$$\boldsymbol{P}_t^a = (\boldsymbol{I} - \boldsymbol{K}\boldsymbol{H})\boldsymbol{P}_t^b \quad (5\text{-}5)$$

式中,下标 t 代表时间;上标 b 代表背景场;上标 a 代表分析场;$\boldsymbol{H}$ 代表观测算子 TM5,$\boldsymbol{R}$ 为观测数据的误差矩阵。$\boldsymbol{K}$(维度为 $s \times m$) 为卡尔曼增益系数,其计算公式如下:

$$\boldsymbol{K} = (\boldsymbol{P}_t^b \boldsymbol{H}^T) / (\boldsymbol{H}\boldsymbol{P}_t^b \boldsymbol{H}^T + \boldsymbol{R}) \quad (5\text{-}6)$$

为了使方程求解方便、简洁,在同化系统中对状态向量 $\boldsymbol{\lambda}$ 进行细分,把它定义为其均值、偏差之和,即

$$\boldsymbol{\lambda} = \bar{\boldsymbol{\lambda}} + \boldsymbol{\lambda}' \quad (5\text{-}7)$$

则状态向量偏差 $\boldsymbol{\lambda}'$(维度为 $s \times N$,N 为集合数 Ensemble size)每一列的矩阵定义为

$$\boldsymbol{X} = \frac{1}{\sqrt{N-1}}(\boldsymbol{\lambda}_1', \boldsymbol{\lambda}_2', \cdots, \boldsymbol{\lambda}_N')^T$$

$$= \frac{1}{\sqrt{N-1}}(\boldsymbol{\lambda}_1 - \bar{\boldsymbol{\lambda}}, \boldsymbol{\lambda}_2 - \bar{\boldsymbol{\lambda}}, \cdots, \boldsymbol{\lambda}_N - \bar{\boldsymbol{\lambda}})^T \quad (5\text{-}8)$$

根据公式(5-8),每一列的方差矩阵可以写成:

$$\boldsymbol{P} = \boldsymbol{XX}^{\mathrm{T}} \tag{5-9}$$

根据公式(5-9)方差矩阵 $\boldsymbol{P}$ 的定义,每一列的 $\boldsymbol{HPH}^{\mathrm{T}}, \boldsymbol{PH}^{\mathrm{T}}$ 可定义为

$$\boldsymbol{HPH}^{T} \approx \frac{1}{N-1} \{ \boldsymbol{H}[f(\boldsymbol{\lambda}'_1)], \ \boldsymbol{H}[f(\boldsymbol{\lambda}'_2)], \cdots, \boldsymbol{H}[f(\boldsymbol{\lambda}'_N)]$$
$$\times \{ \boldsymbol{H}[f(\boldsymbol{\lambda}'_1)], \ \boldsymbol{H}[f(\boldsymbol{\lambda}'_2)], \cdots, \boldsymbol{H}[f(\boldsymbol{\lambda}'_N)] \}^{\mathrm{T}} \tag{5-10}$$

$$\boldsymbol{PH}^{T} \approx \frac{1}{N-1} (\boldsymbol{\lambda}'_1, \boldsymbol{\lambda}'_2, \cdots, \boldsymbol{\lambda}'_N) \times \{ \boldsymbol{H}[f(\boldsymbol{\lambda}'_1)], \ \boldsymbol{H}[f(\boldsymbol{\lambda}'_2)], \cdots, \boldsymbol{H}[f(\boldsymbol{\lambda}'_N)] \}^{\mathrm{T}}$$
$$\tag{5-11}$$

对于单独一个 CO_2 观测值来说,公式(5-11)变成了 2 个矩阵的点乘, $\boldsymbol{HPH}^{\mathrm{T}}$ 则变成了一个 $[1 \times 1]$ 维的标量,而 $\boldsymbol{PH}^{\mathrm{T}}$ 则变成了一个 $[s \times 1]$ 维的向量。根据公式(5-10)和公式(5-11),很容易计算卡尔曼增益矩阵 $\boldsymbol{K}$,实现公式(5-6)的求解。

卡尔曼增益矩阵 $\boldsymbol{K}$,用来更新平均状态向量 $\bar{\boldsymbol{\lambda}}$,平均状态变量 $\bar{\boldsymbol{\lambda}}$ 分析值的更新通过 CO_2 浓度观测与通量间的线性关系假设求解。

假设 CO_2 浓度观测数据与通量间可简化为线性关系:

$$\boldsymbol{y}^0_{m \times 1} = \boldsymbol{G}_{m \times n}(\boldsymbol{S}_n) + \boldsymbol{A}(\boldsymbol{y}) + \boldsymbol{\xi}_{m \times 1} \tag{5-12}$$

式中, $\boldsymbol{y}^0_{m \times 1}$ 是 CO_2 浓度观测,代表一个有 m 维的向量; $\boldsymbol{\xi}_{m \times 1}$ 是 CO_2 浓度观测误差,它是一个均值为 0、误差协方差矩阵为 $\boldsymbol{R} = \mathrm{var}(\boldsymbol{\xi})$ 的 m 维的向量; $\boldsymbol{S}_n$ 是 CO_2 通量,代表的是本数据同化过程中要求解或优化的未知量; $\boldsymbol{G}_{m \times n}$ 代表的是观测算子矩阵,其作用是把 CO_2 通量转化为浓度的变化量,其中 n 代表的是 CO_2 通量的维度; $\boldsymbol{A}$ 是与 CO_2 浓度初始场 $\boldsymbol{y}$ 相关的单位矩阵。

将公式(5-12)的矩阵 $\boldsymbol{G}$、$\boldsymbol{A}$ 合并为 $\boldsymbol{H}_{m \times n} = (\boldsymbol{G}, \boldsymbol{A})$,把 CO_2 通量 $\boldsymbol{S}$ 浓度初始场 $\boldsymbol{y}$ 合并为 $\boldsymbol{x}_n = (\boldsymbol{S}^{\mathrm{T}} \boldsymbol{y})^{\mathrm{T}}$,则公式(5-12)转化如下:

$$\boldsymbol{y}^0 = \boldsymbol{H}(\boldsymbol{x}) + \boldsymbol{\xi} \tag{5-13}$$

式中, $\boldsymbol{x}$ 是由 CO_2 通量 $\boldsymbol{S}$ 浓度初始场 $\boldsymbol{y}$ 合并而成,而浓度初始场 $\boldsymbol{y}$ 是一个已知量,因此 $\boldsymbol{x}$ 代表的是包含浓度初始场信息的 CO_2 通量(以区别于公式(5-12)中的 CO_2 通量 S)。由于公式(5-13)所述 CO_2 观测浓度 $\boldsymbol{y}^0$ 不仅包括 CO_2 站点浓度,还包括卫星柱浓度,因此,观测算子(矩阵) $\boldsymbol{H}$ 要被扩展,使之能不仅实现基于地基站点浓度($i = 1$ 至 m)的观测算子转化,还能完成卫星柱浓度($i = m+1$ 至 $m+k$)的转化。

在完成平均状态变量 $\bar{\boldsymbol{\lambda}}$ 更新的同时,对状态向量的偏差 $\boldsymbol{\lambda}'$ 也进行了相应的更新,更新公式如下:

$$\boldsymbol{\lambda}_i'^{\mathrm{a}} = \boldsymbol{\lambda}_i'^{\mathrm{b}} - \widetilde{\boldsymbol{k}} \boldsymbol{H}[f(\boldsymbol{\lambda}_i'^{\mathrm{b}})] \qquad (5\text{-}14)$$

式中，维度为 $[s \times 1]$ 的向量 $\widetilde{\boldsymbol{k}}$ 与维度为 $[s \times 1]$ 的卡尔曼增益矩阵 $\boldsymbol{K}$ 之间存在相关性，可用公式表示如下：

$$\widetilde{\boldsymbol{k}} = \boldsymbol{K} \times \boldsymbol{\alpha}$$

$$\boldsymbol{\alpha} = \left(1 + \sqrt{\frac{\boldsymbol{R}}{\boldsymbol{HP}^{\mathrm{b}}\boldsymbol{H}^{\mathrm{T}} + \boldsymbol{R}}}\right)^{-1} \qquad (5\text{-}15)$$

这种对状态向量 $\bar{\boldsymbol{\lambda}}$ 和状态向量偏差 $\boldsymbol{\lambda}'$ 分别更新的方式，可有效防止系统性低估 $\boldsymbol{P}$ 量。且 α 的计算过程十分简单，只需估算出 $[1 \times 1]$ 维的向量 $\boldsymbol{R}$ 和 $\boldsymbol{HP}^{\mathrm{b}}\boldsymbol{H}^{\mathrm{T}}$，就可计算出 α。对应于状态向量 λ 的更新，系统也对取样点处的 CO_2 浓度模拟值 $\boldsymbol{H}[f(\boldsymbol{\lambda})_m]$ 进行更新。一般来说，CO_2 浓度模拟值更新的最直接方式就是利用更新后的 λ 计算出一系列新的背景通量，通过重新运行观测算子 TM5，估算出新的 CO_2 浓度模拟值，达到得到取样点处的 CO_2 浓度模拟值的目的。然而，这种通过运行观测算子 TM5 进行浓度更新的方式计算代价十分巨大，相当于每个 CO_2 浓度观测值每更新一次状态向量 λ 时，观测算子 TM5 就要重新运行一次。因此，类似于状态向量 $\bar{\boldsymbol{\lambda}}$ 和状态向量偏差 $\boldsymbol{\lambda}'$ 的更新方式，CO_2 浓度模拟值的更新也通过卡尔曼增益矩阵 $\boldsymbol{K}$ 来实现。取样点处的 CO_2 浓度模拟值 $\boldsymbol{H}[f(\boldsymbol{\lambda})_m]$ 的更新方式如下：

$$\boldsymbol{H}[f(\boldsymbol{\lambda}_t^a)_m] = \boldsymbol{H}[f(\boldsymbol{\lambda}_t^b)_m] + \boldsymbol{H}_m\boldsymbol{K}\{\boldsymbol{C}_t^0 - \boldsymbol{H}[f(\boldsymbol{\lambda}_t^b)]\} \qquad (5\text{-}16)$$

其偏差的更新方式如下：

$$\boldsymbol{H}[f(\boldsymbol{\lambda}_i'^{\mathrm{a}})]_m = \boldsymbol{H}[f(\boldsymbol{\lambda}_i'^{\mathrm{b}})]_m - \boldsymbol{H}_m\widetilde{\boldsymbol{k}}\{\boldsymbol{H}[f(\boldsymbol{\lambda}_i^b)]\} \qquad (5\text{-}17)$$

在完成状态向量 $\bar{\boldsymbol{\lambda}}$、状态向量偏差 $\boldsymbol{\lambda}'$ 和浓度 $\boldsymbol{H}[f(\boldsymbol{\lambda})_m]$、偏差 $\boldsymbol{H}[f(\boldsymbol{\lambda}_i')]_m$ 更新后，系统将状态向量作为背景值推动碳同化系统向下一个时刻运行。

2. 状态变量预报过程

CT-China 碳同化系统的另外一个重要过程就是状态变量预报过程（用 $\boldsymbol{M}$ 来表示）。该过程描述了状态变量在时间上的更新，它以前 2 个时刻的状态变量 $\lambda_{t-1}^{\mathrm{a}}$、$\lambda_{t-2}^{\mathrm{a}}$ 为背景量，通过预报算子 $\boldsymbol{M}$ 估测出下一时刻的状态变量 λ_t^{b} 的预报值：

$$\boldsymbol{\lambda}_t^{\mathrm{b}} = (\boldsymbol{\lambda}_{t-2}^{\mathrm{a}} + \boldsymbol{\lambda}_{t-1}^{\mathrm{a}} + \boldsymbol{\lambda}^{\mathrm{p}})/3.0 \qquad (5\text{-}18)$$

式中，上标 a 代表状态变量 λ 前几个时刻的分析值；上标 b 代表新时刻的背景值；上标 p 代表新时刻状态变量 λ 的先验值，一般给定 1.0。对于方差，系统指定了一个 240 维的方阵作为状态变量 $\boldsymbol{\lambda}$ 的方差。

5.2　输　入　数　据

中国碳同化系统(CT-China)的驱动数据包括:气象数据(风、湿、温、压等)和先验碳通量(陆地、海洋、化石燃料及火烧碳排放等)。

5.2.1　气象数据

中国碳同化系统(CT-China)的气象数据来自欧洲中期天气预报中心(European Centre for Medium-Range Weather Forecasts, ECMWF)的数值预报产品。收集和整理 ECMWF 的风、湿、温、压等气象数据,并处理为全球 $1° \times 1°$、3 h 的标准数据,为大气 CO_2 浓度和通量模拟提供气象驱动数据。

5.2.2　先验通量数据

收集与整理陆地、海洋、化石燃料及火烧碳排放数据作为先验碳通量,驱动大气反演模型的运行,为中科院中国碳同化系统 CT-China 模拟 CO_2 浓度场。

1. 海洋碳通量

海洋生态系统作为吸收和存储大气 CO_2 的一个巨大碳库,影响着大气 CO_2 的收支平衡,是全球碳循环的重要组成部分。与陆-气碳交换不同,海-气碳交换的一个重要控制因子是海-气间 CO_2 偏压 $p(CO_2)$(CO_2 partial pressure in surface waters)。受藻类光合作用、洋流变化、温度、盐度和 pH 等因素影响,海-气间 $p(CO_2)$ 变化显著,可看出 CO_2 明显的源与汇。一般来说,海水 $p(CO_2)$ 大于大气 $p(CO_2)$ 时,海水即是大气 CO_2 的源,反之,则为大气 CO_2 的汇。我们收集与整理了 2010 年间 Takahashi 等(2009)模拟计算的海-气 $p(CO_2)$ 作为海洋先验碳通量(图 5-7)。

2. 陆地碳通量

先验陆地碳通量由陆面过程模型 DLM 模拟获得(见 5.1.5 节)。

以 2010 年为例,DLM 模拟的全球陆地净碳通量(NEE)时空分布见图 5-8。

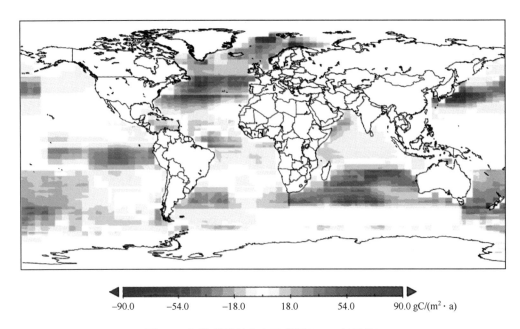

$$-90.0 \quad -54.0 \quad -18.0 \quad 18.0 \quad 54.0 \quad 90.0 \ gC/(m^2 \cdot a)$$

图 5-7 海洋碳通量分布示意图（2010 年平均）

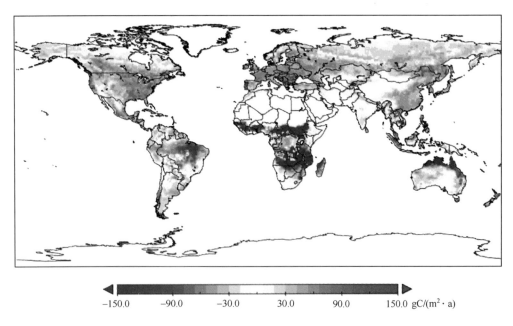

$$-150.0 \quad -90.0 \quad -30.0 \quad 30.0 \quad 90.0 \quad 150.0 \ gC/(m^2 \cdot a)$$

图 5-8 先验陆地碳通量分布示意图（2010 年）

3. 化石燃料碳通量

化石燃料碳通量主要来自美国能源部 CO_2 信息分析中心（Carbon Dioxide Information and Analysis Center, CDIAC)(Boden et al.，2011)。CDIAC 主要以各国数学统计出来的化石燃料为基础,分国家进行空间插值,计算出全球 $1° \times 1°$ 化石燃料分布图。由于 CDIAC 数据只有 2006 年以前的数据,对于 2006 年以后的数据根据年际的年增长率,计算出 2007~2010 年的化石燃料碳通量。通过收集和整理获得 2010 年的 $1° \times 1°$ 的化石燃料碳通量数据,数据分布如图 5-9 所示。

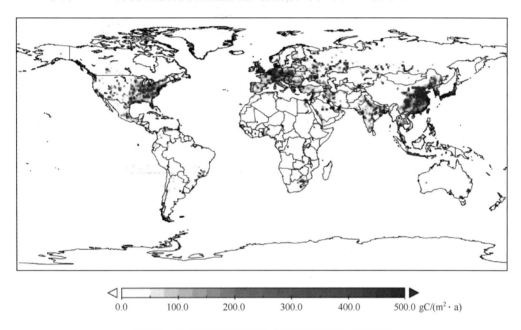

图 5-9　生物燃料碳通量分布示意图(2010 年平均)

4. 火烧碳通量

火烧碳通量来自全球火烧排放数据库 GFEDv2(Global Fire Emissions Database version 2),而 GFEDv2 的火烧碳通量数据主要是通过 CASA 模型来模拟估算的。收集和整理 2010 年的全球 $1° \times 1°$ 的火烧碳通量数据,数据分布如图 5-10 所示。

5.2.3　CO_2 观测数据

CO_2 站点浓度观测数据主要来自美国海洋与大气总署(National Oceanic and Atmospheric Administration, NOAA)的地球系统研究实验室(Earth System Research Laboratory, ESRL)及澳大利亚联邦科学与工业研究组织(Commonwealth Scientific and Industrial Research Organization, Australia, CSIRO)的瓶装采样的 flask 数据。由

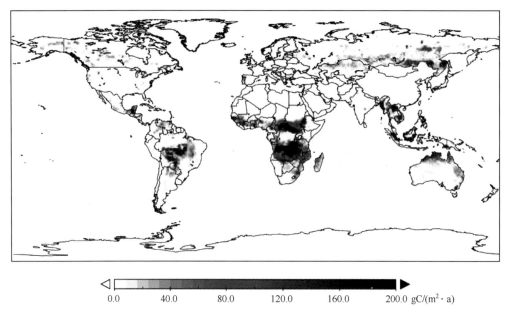

0.0　　　　40.0　　　　80.0　　　　120.0　　　　160.0　　　　200.0 gC/(m² · a)

图 5-10　火烧碳通量分布示意图（2010 年平均）

于 flask 数据的时间分辨为周，其低分辨率不能抓获 CO₂ 的日变化，反映不出真实的 CO₂ 时空分布特征，在此情况下，多个观测网点的高时间分辨的 Situ quasi-continuous（一般时间分辨率为小时）被引入模型，与 flask 观测数据一起形成模型站点观测数据。本节用到的 Situ quasi-continuous 的站点如下：

the 107m level of the AMT tower in Argyle, Maine

the 300m level of the BAO tower in Boulder, Colorado

the 396m level of the LEF tower in Park Falls, Wisconsin

the 305m level of the SCT tower in Beech Island, South Carolina

the 17m level of the SNP tower in Shenandoah National Park, Virginia

the 379m level of the WBI tower in West Branch, Iowa

the 483m level of the WGC tower in Walnut Grove, California

the 457m level of the WKT tower in Moody, Texas

the 30m level of the tower at Candle Lake (CDL, formerly Old Black Spruce), Saskatchewan, Canada operated by Environment Canada (EC);

the 105m level of the tower in East Trout Lake, Saskatchewan, Canada (ETL) operated by EC

the 40m level of the tower in Fraserdale, Ontario, Canada (FRD) operated by EC the 10m level of the tower in Lac Labiche，Alberta，Canada（LLB）operated by EC

the 60m level of the tower at the Atmospheric Radiation and Monitoring（ARM）Carbon Project Southern Great Plains，Oklahoma site（SGP）operated by Lawrence Berkeley National Laboratory（LBNL）.

the NOAA ESRL observatories at Barrow（BRW），Mauna Loa（MLO），Samoa（SMO），and South Pole（SPO）；

the EC Canadian sites at Alert，Nunavut（ALT），Sable Island，Nova Scotia（SBL）and Egbert，Ontario（EGB）；

the NCAR sites at Niwot Ridge，Colorado（NWR）and Storm Peak Laboratory，Colorado（SPL）

1. 预处理

由于观测数据的质量直接决定模型模拟的精度，在观测数据选择时进行了严格的筛选（表 5-2），一般选择有效数据周期长、代表性强（受当地碳源/汇影响小）、质量

表 5-2　站点观测数据预处理方法

观测网	观测数据预处理
ESRL 的周平均观测数据	一周内所有观测数据的平均值
ESRL 的 BRW，SMO，SPO 站点数据	当地 12～16 时的观测平均数据
ESRL 的 MLO 站点数据	当地 0～4 时的观测平均数据
ESRL 的高塔站点数据	当地 12～16 时的观测平均数据
EC 的连续观测站点数据	当地 12～16 时的观测平均数据
NCAR 的连续观测站点数据	当地 0～4 时且 1σ（标准差）<1 ppm 的观测平均数据
CSIRO 的周平均观测数据	一周内所有观测数据的平均值
LBNL 的连续观测站点数据	2003～2004 年当地 14～18 时的观测平均数据

注：NOAA-ESRL：National Oceanic and Atmospheric Administration's Earth System Research Laboratory，即美国国家海洋与大气管理局的地球系统研究室；

NOAA ESRL observatories at Barrow（BRW），Mauna Loa（MLO），Samoa（SMO），and South Pole（SPO）；

EC：Environment Canada，即加拿大环境中心；

NCAR：National Center for Atmospheric Research，即美国国家大气研究中心；

CSIRO：Commonwealth Scientific and Industrial Research Organization，Australia，即澳大利亚联邦科学与工业研究组织；

LBNL：Lawrence Berkeley National Laboratory，伯克利国家实验室；

此外，我们还选择 NOAA ESRL 的 aircraft 作为模型的检验数据，用以验证模型模拟的结果。

好的数据作为观测数据进入模型。在时间上,还对 Situ quasi-continuous 观测数据进行了限定。对于大多数的 Situ quasi-continuous 我们选定每天下午 12～16 时(local standard time,LST)观测数据进行模拟,原因是此时段的 CO_2 浓度数据充分混合,能够更好地代表大气背景浓度。而对于处于山顶的站点(如 MLO、NWR 和 SPL)而言,我们选定晚上 0～4 时(local standard time,LST)平均浓度作为模型观测数据。研究中所用到的 CO_2 地基观测数据有 120 多个,其空间分布如图 5-11 所示。

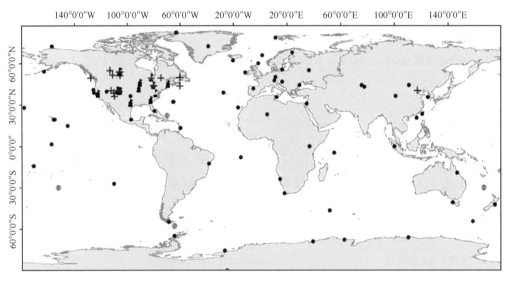

观测平台　◎船舶观测点　十陆地连续观测站　●陆地瓶装观测站(flask)　▮高塔观测站

图 5-11　CO_2 站点浓度观测数据分布图

2. 嵌套区 CO_2 观测数据

为了提高中国区碳源/汇的模拟精度,我们特别收集和整理出中科院中国碳同化系统 CT-China 嵌套区(嵌套区设置为 2 层,即亚洲 $3° \times 2°$,中国 $1° \times 1°$)的 CO_2 浓度观测数据(图 5-12 和表 5-3)。图 5-12 中,这些观测站点数据来自 NOAA-ESRL 和 WDCGG,黑色站点表示 CarbonTracker 中使用的中国和亚洲区域的观测站,而红色代表 CT-China 中增加的站点。其中,RYO 为独立验证站点。表 5-3 中,连续数据的时间频率在有效的情况下是一天,而离散的数据通常是一星期,MDM(model-data-mismatch)是用来量化表示该站点模拟观测的能力,N 表示 Carbon Tracker 中可用的数目,bias 是后验残差的均值。在同化过程中,为了验证中科院碳同化系统 CT-China,CAS 准确性,我们选择 RYO 站点进行观测-模拟对比分析。

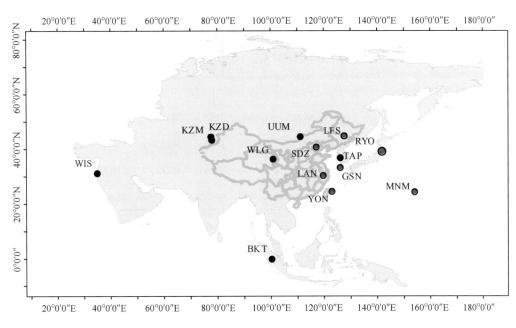

图 5-12　CT-China 2 层嵌套区 CO_2 站点浓度观测数据分布图

表 5-3　嵌套区 CO_2 站点浓度观测数据表（2001～2010 年）[1]

站点	名称	经纬度和高度	数据来源[2]	数据提供者	N (flagged)	MDM	Bias
	非连续观测数据						
WLG	Waliguan, China	36.29°N, 100.90°E, 3810m	CMA/ ESRL	NOAA-ESRL[2]	391(20)	1.5	−0.11
BKT	Bukit Kototabang, Indonesia	0.20°S, 100.312°E, 864m	ESRL	NOAA-ESRL	246(0)	7.5	5.43
WIS	Sede Boker, Israel	31.13°N, 34.88°E, 400m	ESRL	NOAA-ESRL	482(4)	2.5	−0.30
KZD	Sary Taukum, Kazakhstan	44.45°N, 77.57°E, 412m	ESRL	NOAA-ESRL	384(23)	2.5	0.43
KZM	Plateau Assy, Kazakhstan	43.25°N, 77.88°E, 2519m	ESRL	NOAA-ESRL	345(3)	2.5	0.30
TAP	Tae-ahn Peninsula, Korea	36.73°N, 126.13°E, 20m	ESRL	NOAA-ESRL	342(1)	7.5	0.46
UUM	Ulaan Uul, Mongolia	44.45°N, 111.10°E, 914m	ESRL	NOAA-ESRL	459(7)	2.5	0.18
SDZ	Shangdianzi, China	40.39°N, 117.07°E, 293m	CMA/ ESRL	Cheng et al., 2013	152(8)	7.5	1.83
LFS	Longfengshang, China	24.47°N, 123.02°E, 30m	CMA	Cheng et al., 2013	79(5)	7.5	3.91
LAN	Li'an, China	33.15°N, 126.12°E, 72m	CMA	Cheng et al., 2013	146(5)	7.5	5.20

续表

站点	名称	经纬度和高度	数据来源②	数据提供者	N (flagged)	MDM	Bias
	连续观测数据						
MNM	Minamitorishima,Japan	24.29°N,153.98°E,8m	JMA	WDCGG	3309(0)	3	0.26
RYO③	Ryori,Japan	39.03°N,141.82°E,260m	JMA	WDCGG	3309(—)	—	—
YON	Yonagunijima,Japan	24.47°N,123.02°E,30m	JMA	WDCGG	3317(11)	3	0.96
GSN	Gosan,Republic of Korea	33.15°N,126.12°E,72m	NIER	WDCGG	2537(236)	3	−1.32

① 表中连续型观测数据(continuous observation)的时间分辨率为天,而离散型观测数据(discrete observation)的时间分辨率为周。MDM (model-data-mismatch)是预先给定的观测与模拟间的误差范围,用以量化表达在某站点模型模拟观测 CO_2 浓度数据的能力,一般给定的 MDM 越小,表示预期模型模拟的效果越好。表中 N 表示指定站点可用于 CT-China,CAS 模型同化的 CO_2 观测个数目,而 Flagged 表示进入 CT-China,CAS 模型中的 N 个 CO_2 观测数据只有 Flagged 个数据可真正用于数据同化(因此:Flagged ≤N),这是由于只有模型与观测实际误差(model-minus-observation difference)小于 3 倍 MDM (model-data-mismatch)的 CO_2 观测才能被 CT-China 同化。bias 表示后验残差的均值。在表中,用黑体表示新加的中国及亚洲周边的 CO_2 观测站点。

② NOAA-ESRL:National Oceanic and Atmospheric Administration's Earth System Research Laboratory,即美国国家海洋与大气管理局的地球系统研究室;

CMA:China Meteorological Administration,即中国气象局;

NIER:National Institute of Environmental Research,Republic of Korea,即韩国国家环境研究所;

JMA:Japan Meteorological Agency,即日本气象厅。

③ RYO 并没有引入同化进程中,而是被单独评价中国陆表 CO_2 通量。

5.3　中国碳通量变化案例分析

本节使用中科院中国碳同化系统 CT-China,对 2000～2010 年的中国陆地碳源/汇进行模拟,以分析该期间中国区碳源/汇动态分布特征。

5.3.1　模式输入与输出设定

在 CT-China 运行之前,对系统输入及输出项进行设定。模型的驱动数据主要包括 CO_2 站点浓度观测数据、4 个先验通量、气象及下垫面数据,数据的来源及时空分辨率见表 5-4。其中,植被类型、叶面积指数(LAI)、土壤质地等下垫面数据主要用来驱动陆面过程模型 DLM 的运行,为 CT-China 提供陆表先验碳通量;风、湿、温、压等气象数据以及陆地、海洋、火烧及化石燃料等先验通量主要用来驱动大气传输模型 TM5。通过最小化观测与模拟 CO_2 浓度之差,实现 CO_2 浓度和通量的优化。

表 5-4　输入数据信息表

种类		数据来源	时空分辨率
观测数据		NOAA-ESRL	flask 为周平均,Situ quasi-
		CSIRO	continuous 为 12~16 时
		NCAR	天平均值
		LBNL	
		NCAR	
		EC	
		...	
先验通量	陆地	陆表过程模型模拟数据(见 5.2.2 先验通量数据)	$1° \times 1°$,天平均
	海洋	Takahashi 等(2009)(见 5.2.2 先验通量数据)	$1° \times 1°$,月均
	化石燃料	CDIAC(见 5.2.2 先验通量数据)	$1° \times 1°$,月均
	火烧	GFEDv2(见 5.2.2 先验通量数据)	$1° \times 1°$,月均
气象数据	风、湿、温、压等	ECMWF 用以驱动 TM5 及同化系统运行	空间分辨率为 $1° \times 1°$,
下垫面数据	植被类型、LAI、土壤质地等	ECMWF、MODIS 等用以驱动生态模式运行	时间步长为小时,气象数据时间分辨率为 3 h

注:EC:Environment Canada,即加拿大环境中心;

　　NCAR:National Center for Atmospheric Research,即美国国家大气研究中心;

　　LBNL:Lawrence Berkeley National Laboratory,伯克利国家实验室;

　　CSIRO:Commonwealth Scientific and Industrial Research Organization,Australia,即澳大利亚联邦科学与工业研究组织。

模型输入项设定了模式运行的起始时间、模型运行频率及滞后窗口,见表 5-5。

表 5-5　模型输入设定

模型运行时段	起始时间	2000-01-01 00:00:00
	结束时间	2010-12-31 00:00:00
初始化循环年(spin up year)		2000 年
模型运行频率		3600 s
模型滞后窗口(周)		5 周
同化集合数(ensemble size)		150
分辨率设定	时间分辨率	7 天
	空间分辨率	全球:$6° \times 4°$
		亚洲:$3° \times 2°$
		中国:$1° \times 1°$

如图 5-2 所示,我们设定了 3 重嵌套区。全球($6°×4°$)为背景区,亚洲为二重嵌套区(中间嵌套区),其空间分辨率为 $3°×2°$,中国区域为三重嵌套区,分辨率为$1°×1°$。

此外,对模型输出项进行了设定。最终输出结果为周步长的、全球($6°×4°$)、亚洲($3°×2°$)、中国($1°×1°$)的 CO_2 浓度及源汇分布,具体设置见表 5-6。

表 5-6　模型输出设定

输出变量	时空分辨率	单位
CO_2 浓度	全球:$6°×4°$,周分辨率,垂直分层 25	ppm
	亚洲:$3°×2°$,周分辨率,垂直分层 25	ppm
	中国:$1°×1°$,周分辨率,垂直分层 25	ppm
CO_2 通量	全球:$1°×1°$,周分辨率,近地表层	mol/(m² · s)

5.3.2　模式结果验证

首先选取 CO_2 浓度观测站点数据来验证中科院中国碳同化系统 CT-China。图 5-13 对比了 2001～2010 年(2000 年用于 spin-up 初始年,不参与结果验证分析中)RYO 站点观测浓度与 CT-China 模拟浓度。从图 5-13(a)和 5-13(b)中可以看出,CT-China 较好地捕捉到了观测浓度的季节变化趋势[bias=$(0.36±2.19)$ ppm,$R^2=0.92,P<0.05$],春季(3 月、4 月、5 月)和秋季(9 月、10 月、11 月)的模拟结果要好些,在冬季(12 月、1 月、2 月)的模拟值偏低[bias=$(-0.12±1.44)$ ppm,图 5-12(d)],而在夏季(6 月、7 月、8 月)的模拟值偏高[bias=$(0.98±3.07)$ ppm,图 5-12(c)]。这种模型模拟值在夏季和冬季分别表现出低估或高估的现象,在已发表研究(Zhang et al.,2014a;Peters et al.,2010;2007)中也有出现,我们分析主要因为大气传输模型 TM5 不能够较好捕捉到 CO_2 浓度在夏季的最低值和冬季的最高值。这种大气传输模型模拟结果的"极值"偏离现象已成为大气反演的一个大的缺陷问题(Peylin et al.,2013;Stephens et al.,2007;Yang et al.,2007;Zhang et al.,2014a;Zhang et al.,2014b)。总体来说,CT-China 的浓度模拟值与观测值之间的误差为$(0.36±2.19)$ ppm 左右,远远小于 2ppm,完全可以满足碳同化的要求,这说明 CT-China 有能力同化反演浓度/通量的时空动态变化。

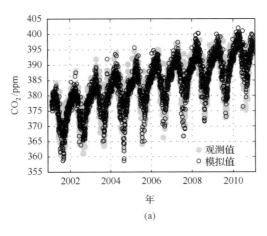

(a)

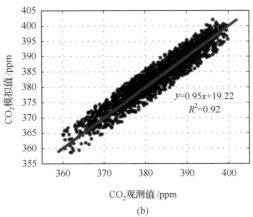

(b)

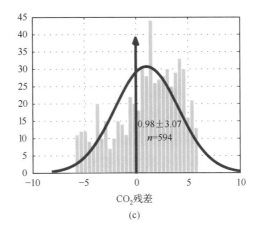

(c)

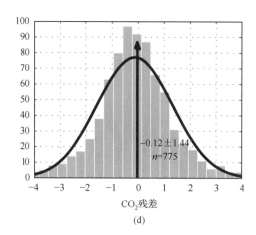

图 5-13　RYO 站点观测浓度与中科院碳同化系统 CT-China 模拟浓度对比分析图

（a）观测与模拟浓度时间序列对比图；（b）观测与模拟浓度的线性回归图；

（c）、（d）观测与模拟浓度值分别在夏、冬季的残差直方图

5.3.3　中国区碳源/汇结果分析

1. 十年平均碳源/汇变化

在本节中,我们用"+"表示碳源,用"−"表示碳汇。模型估测结果表明,2001~2010 年中国陆地生态系统平均吸收了(−0.33±0.36) Pg C/a。这个数据是指自然过程碳吸收数据,它包含了+0.02 Pg C/a 的森林野火燃烧碳排放和陆地生态系统吸收的−0.35 Pg C/a,但不包括化石燃料燃烧的+1.70 Pg C/a 碳排放。

图 5-14(a)、5-14(b)分别展示了中国陆地生态系统在 2001~2010 年的 10 年平均碳源/汇分布及中国植被区划图。从图 5-14(a)可以看出,中国绝大部分的陆地生态系统表现为碳汇区(蓝色表示碳汇),而最强的碳汇出现在东北地区(Northeast)。此外,华北地区(North)、华中地区(Central)、东南地区(Southeast)及西南地区(Southwest)也表现为碳汇,而西北地区(Northwest)、青藏高原区(Tibetan Plateau)及南部沿海一带(South),则表现为一个弱的碳汇或碳源。

中国碳汇强度的时空分布与植被类型相关。陆地生态系统碳汇主要分布在森林、草地及农田生态系统中。对比图 5-14(a)和 5-14(b)及表 5-7 可以看出,我国森林生态系统的总碳汇量约为−0.12 Pg C/a,占中国陆地碳汇总量的 36.4%,其中,针叶林、阔叶林、混交林和其他林地分别吸收−0.04 Pg C/a、−0.02 Pg C/a、−0.04 Pg C/a 和−0.01 Pg C/a。中国农田生态系统碳汇主要分布在华北(North)、

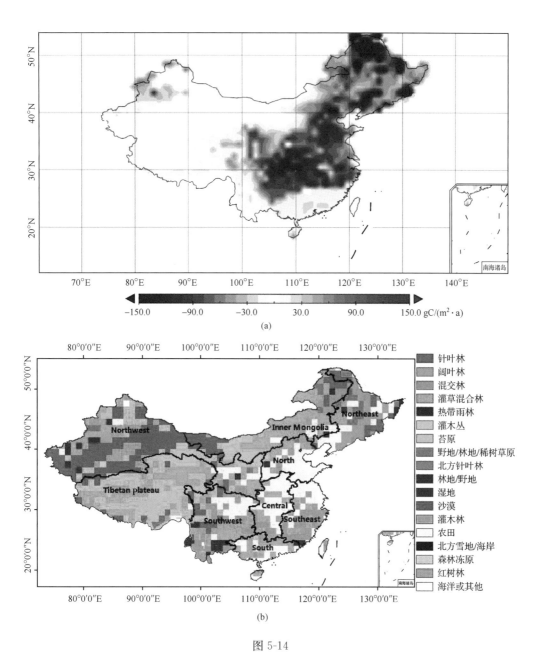

图 5-14

（a）2001～2010 年中国陆地生态系统平均年通量分布；（b）中国陆地生态系统植被类型分布图，包括
9 个区块：东北地区（Northeast），内蒙古地区（Inner Mongolia），西北地区（Northwest），西藏高原地区
（Tibetan Plateau），西南地区（Southwest），华北地区（North），华中地区（Central），东南地区（Southeast）
以及华南地区（South）

华中(Central)和东南地区(Southeast),吸收碳量为-0.12 Pg C/a,占中国陆地碳汇总量的 36.4％。通过对比分析,我们发现 CT-China 高估了我国农田碳汇量。草地/灌木林吸收碳量为-0.09 Pg C/a,占中国陆地碳汇总量的 27.3％,其中,最强的草地/灌木林碳汇分布在内蒙古草原的东部。

表 5-7　中国陆地生态系统各种植被类型碳源/汇量统计表(2001~2010 年)

分类	生态系统型	陆表通量/(Pg C/a)	总通量/(Pg C/a)	碳汇强度/[g C/(m² · a)]
森林	针叶林	-0.04	-0.12	49.75
	阔叶林	-0.02		
	混交林	-0.04		
	热带草原	-0.01		
	林地/野地	0.00		
	热带雨林	0.00		
草地和灌木	草地/灌木	-0.09	-0.09	34.86
	灌木丛	0.00		
	灌林	0.00		
农地	农田	-0.12	-0.12	71.32
其他	苔原	-0.01	-0.01	2.38
	北方针叶林	0.00		
	北方雪地/海岸	0.00		
	森林冻原	0.00		
	红树林	0.00		
	湿地	0.00		
	沙漠	0.00		
	水体	0.00		
总体		-0.33	-0.33	33.49

2. 年际间碳源/汇变化

图 5-15(a)显示中国陆地生态系统在 2001~2010 年逐年碳通量季节变化状况。2001~2010 年,中国陆地生态系统碳源/汇平均季节变幅为 0.21 Pg C/a,季节变率约为 64％($=0.21$/年平均值 0.33)。从 2001~2010 年,中国陆地生态系统年总碳汇存在明显的年际变化(年际变异系数 coefficient of variation(CV)$=0.25$,CV$=$标准差/平均值),但没有明显的变化趋势($R^2=0.03$,$p>0.05$,$N=10$)。从图 5-15(b)可以看出,中国陆地碳汇以每年约 0.08Pg C/a 速率,从 2001 年的-0.347Pg C/a 递减到 2003 年的-0.188Pg C/a,2004 年有所回升,而 2005 年又继续下降,从 2005 年以后,中国陆

地碳汇表现为缓慢增长的态势,并保持直至到 2009 年,2010 年却是一个相对弱的碳汇年。

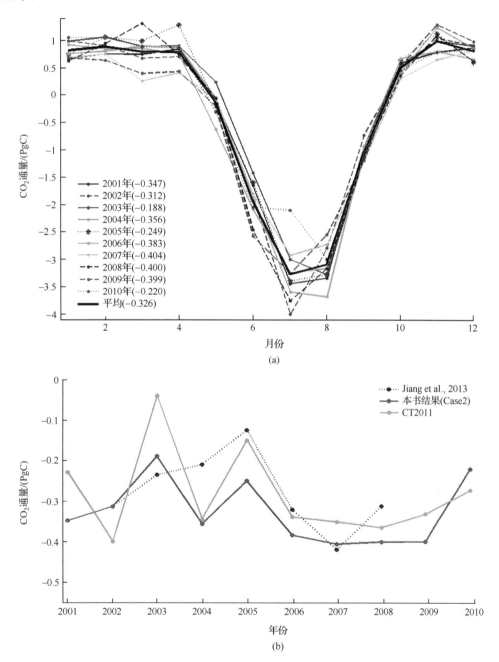

图 5-15　(a) 2001~2010 年中国陆地生态系统碳源/汇年际变化图;(b) 中国陆地生态系统碳源/汇年际变化对比图

　　众所周知,陆地生态系统碳源/汇年际变化与气温、降水及生长季物候密切相关(Gurney et al., 2008；Imer et al., 2013；Mohammat et al., 2012；Peters et al., 2010；Piao et al., 2008；Saeki et al., 2013；Yu et al., 2013)。图 5-16 展示了我国陆地生态系统碳源/汇、气温和降水 2001～2010 年的年距平值。气温和降水数据来自于中国气象数据共享中心。从图中可以看出,2003 年为中国陆地生态系统的最小碳汇年,其碳汇量为 -0.19 Pg C/a,远小于 2001～2010 年的十年平均碳汇量(-0.33Pg C/a)。这一年碳汇量的减少主要出现在东北、华北和华中地区[图 5-14(a)]。2003 年,中国经历了一系列严重的自然灾害事件(如干旱、高温和洪水)。在 2003 年年初,东北地区、东南地区和南方等地区经历了大面积干旱。干旱指数时空分布图[①](Dai et al.,2011)也反映了中国这场干旱事件,干旱程度为"极端干旱"(extreme drought,PDSI<-2)。伴随着 30%～80%降水量的减少,2003 年春季(3～5 月),中国陆地生态系统碳汇量急剧减少[图 5-15(a)];而在 6～8 月,发生在中国北部地区(包含华北、内蒙古、西南北部、东南北部和华南北部地区)的强降水(Ju et al., 2013)削弱该区的碳吸收(碳汇与降水的空间距平分析显示,$R^2=0.16$,$p<0.05$,$N=597$),中国南部地区(包含西南南部、华中、东南地区)的高温及干旱减少了该区域的碳汇(碳汇与气温的空间距平分析显示,$R^2=0.38$,$p<0.05$,$N=624$),这二者共同导致中国陆地生态系统在 2003 年夏季碳汇量的大幅度减少[图 5-15(a)]。进入秋季(9～11 月)后,东南和西南地区持续发生的秋旱,又使 2003 年陆地碳汇处于一个低位。中国通量塔观测数据也验证了 2003 年中国陆地碳汇减少的事实(Imer et al., 2013)。

　　不同于 2003 年,2007 年则为一个最大的碳汇年[-0.40 Pg C/a,图 5-17(b)],其碳汇量高出十年平均碳汇量约 0.7 Pg C/a。2007 年是中国近百年来的最高气温年(Jiang et al., 2013；National Climate Center, 2008)。前人很多报道表明,春季温暖的气候将会提高植被的生产力(Mohammat et al., 2012；Piao et al., 2008；2007；Wang et al., 2011)。我们的分析结果印证了前人的报道:暖春导致 2007 年 3～5 月的陆地碳汇量为 2001～2010 年最大的春季碳汇[图 5-15(a)]。进入到夏季生长季,高温和不均匀的降水使 2007 年在 6～8 月的碳吸收量处于低位。

3. 结果分析与讨论

　　表 5-8 对比了基于 CT-China 的中国陆地碳汇估测结果与其他已发表的结果。从表中可以看出,我们估测的 2001～2010 年中国陆地碳汇与 Piao 等(2009)报道的碳汇

---

　　① palmer drought stress index,PDSI,http://www.cgd.ucar.edu/cas/catalog/climind/pdsi.html

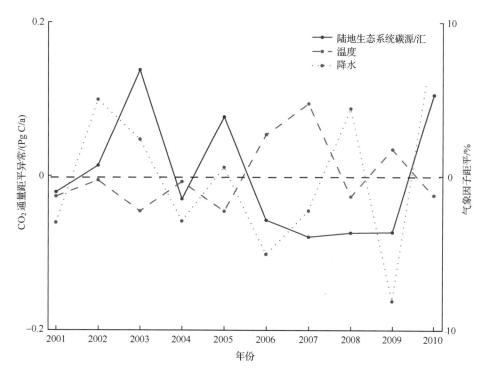

图 5-16　2001~2010 年中国陆地生态系统碳源/汇距平与温度、降水距平对比

估测量[(−0.35±0.33) Pg C/a，1996~2005 年的平均值]十分相近。但同时我们也发现，CT-China 与估测的中国陆地碳汇时空分布与 Piao 等(2009)的结果相差大，尤其在东北地区：依据 CT-China，东北地区表现为碳汇；而 Piao 等(2009)的结果显示该区为碳源。这种空间上的差异可能是由于两个同化系统估测误差引起的，特别是在缺少 CO_2 浓度观测点的地区，不同系统估算结果在空间差异上可能会很大。CT-China 估测的中国陆地碳汇量与 Jiang 等(2013)的结果[(−0.28±0.18) Pg C/a，2002~2008 年平均]也十分相近。特别要指出的是，Jiang 等(2013)中国嵌套区设定和中国境内 CO_2 浓度观测站点(e.g.，SDZ，LFS，LAN，and WLG，站点详细信息见"5.2.3.2 嵌套区 CO_2 观测数据")与 CT-China 相同。不同的是，以剔除当地化石燃料排放对观测值的影响，Jiang 等(2013)采用了 GlobalView 方法(Masarie and Tans，1995)的原始观测值进行插值、过滤和月均化处理；而 CT-China 则采用原始观测值进行同化。尽管直接使用了未作过滤处理而受当地化石燃料排放影响很大的中国站点 SDZ(this sites near Beijing)、LAN(this sites nearYangtzeRiver)原始观测值，估测结果表明，2001~2010 年的中国陆地碳汇估测值并不存在明显的偏差。在图 5-15(b)中也对两个结果的年度变化作了对比：Jiang 等(2013)的结果显示 2004 年为一个弱的碳汇，而我们的

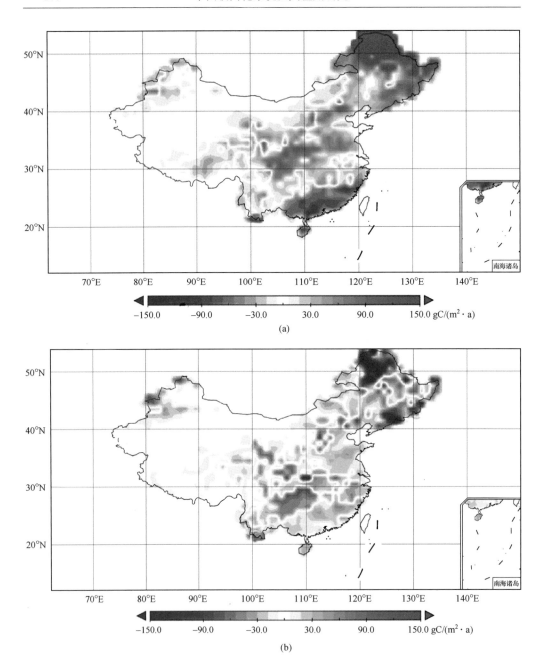

图 5-17 中国陆地生态系统碳源/汇距平分布图

(a) 2003 年；(b) 2007 年

结果则显示该年为一个高于 10 年平均值的强碳汇年；Jiang 等（2013）结果显示 2005 年为最小碳汇年，而我们的估测结果则显示该年的碳汇值明显高于 2003 年、2006 年和 2009 年；两个系统的反演结果都表明 2007 年为最大碳汇年。我们把对中国碳同化系统 CT-China 的反演结果与具有相同同化框架但不同嵌套区的北美碳同化系统(CT-NA,NOAA,版本号:CT2011,derived from ftp://aftp. cmdl. noaa. gov/products/carbontracker/co2/fluxes/monthly/,嵌套区为北美)在中国区的结果进行了对比[表 5-8 和图 5-15(b)],发现在 2003～2010 年,两个系统的结果显示出相同的年际变化特征: 2003 年、2005 年和 2010 年为碳汇减少年,而 2004 年、2006 年、2007 年、2008 年和 2009 年显示为碳汇增加年。但是,我们也发现,CT-China 估测的 2005～2009 年的年平均碳汇量高于 CT-NA(版本号:CT2011)的估测值。这可能是在 CT-China 中所增加的中国境内 CO_2 浓度观测点(CT-NA 不包含这些站点)对中国区陆地生态系统碳汇产生了比较强的同化约束,进而导致中国区碳汇量的增加。这也从另外一方面说明了中国区碳汇量可能由于观测数据的稀少而被低估了。

表 5-8　中国陆地碳汇估测结果对比表

引用	区域	碳通量/(Pg C/a)	时期	备注
本书	China	-0.33 ± 0.36	2001～2010 年	情景 2:包含增加的中国和亚洲区 CO_2 数据,嵌套中国区域
Jiang 等,2013	China	-0.28 ± 0.18	2002～2008 年	仅嵌套中国区域,不包含增加的中国和亚洲区 CO_2 数据
Piao 等,2009	China	-0.35 ± 0.33	1996～2005 年	—
CT2011[a]	China	-0.28	2001～2010 年	嵌套北美
Piao 等,2012[b]	East Asia	-0.38 ± 0.33	1990～2009 年	RECCAP 反演系统中 8 个反演模型平均值

a. CT2011 是北美 CT-NA,NOAA 在 2011 年发布的模拟结果,其数据主要下载于 ftp://aftp. cmdl. noaa. gov/products/carbontracker/co2/fluxes/monthly/;

b. East Asia,即东亚,范围包括中国、日本、韩国、朝鲜和蒙古国。

我国森林生态系统碳汇量为 -0.12 Pg C/a,与前人的研究结果十分相近。Pan (2011)报道了利用生态过程模型和野外考查及森林普查数据综合分析所估计的中国森林生态系统在 2000～2007 年平均吸收的碳汇量为(-0.115 ± 0.05) Pg C/a。对中国森林生态系统吸收碳汇量作进一步分析,发现 2001～2010 年中国森林碳汇有一个明显的增长趋势:年增长率约为 17.7 Tg C/a(变化范围为 12.3～19.4 Tg C/a)。近年来,随着中国对森林保护的重视以及退耕还林等生态工程的实施,我国森林面积不断扩大、森林生产力也在不断提高(孟宪军,2014;肖海涛等,2014;郑丽波,2014)。我国森林单位面积上的碳储量达到了 49.75 g C/(m² · a)。我国森林生态系统单位面积上的碳吸收能力仍然远远低于欧洲森林(60～150 g C/(m² · a))和美国森林(52～

71g C/(m² · a))（Piao 等，2009）。这可能与当地的森林抚育、林业管理方式有关。在欧洲的森林为集约式管理，定时对林地进行施肥、灌水、除虫及间伐操作，以保证持续、高效的森林生产力（Chen et al.，2013；Piao et al.，2009）；而在中国，大部分的森林处于粗放的管理状态或不管理状态，存在树苗年年栽、年年死的现象，这导致森林生产力低于欧洲。因此，改变现有的林地经营方式、加强森林生态系统的管理，是提高我国森林碳储量的有效办法（Zhang et al.，2014a；2014b）。

中国农田生态系统的碳吸收量为 -0.12 Pg C/a，单位面积碳吸收能力为 71.32 g C/(m² · a)。这种碳吸收能力与我国农地的作业方式及栽培技术相关（Chen et al.，2013；Ju et al.，2013；Yu et al.，2013）。在中国，为了在有限的耕地上获取最大的农业收益，绝大部分的农田处于精耕细作式的集约式管理模式。农作物处于良好的生长环境，农民及时对农作物进行除草、灌溉和去虫。这导致高的农产品生产力及根茎残余物，提高了农作物生物量及土壤的固碳能力。其次，一年两三季的农作物耕作方式，也提高了农田生态系统的储碳能力（Zhang et al.，2014b；Piao et al.，2009）。然而，我们估测的农田碳汇大小（-0.06 Pg C/a）与使用"从下到上"（bottom-up）法估算的农田碳汇结果间存在较大的差异。这种在农田碳汇估测量的差异，可能由于中科院碳同化系统 CT-China 不能检测到一年一季或多季的农作物收割及农产品消耗所带来的碳释放过程。中科院碳同化系统 CT-China 是一个"从上到下"（top-down）的碳估测方法，从大气的角度来跟踪和检测 CO_2 的变化，它能够很准确地检测到植物生长季所带来的强烈的大气 CO_2 波动，但无法捕捉到农作物收割及农产品消耗这种由于人类活动引起的"CO_2 侧向传输过程"（lateral carbon transport）。因此，中科院碳同化系统 CT-China 高估了农田碳汇。这种农田碳汇高估问题，同样出现在前人的碳同化研究中（Zhang et al.，2014a；2013；Peters et al.，2010；Peters et al.，2007）。

不同于农田碳汇，我国草地/灌木林吸收的 CO_2 量为 -0.09 Pg C/a，其单位面积碳吸收量为 34.86 g C/(m² · a)。我国草地/灌木林面积广阔，占国土总面积的 30%～50%（Chen et al.，2013；Ni，2002；宋丽弘等，2014）。但我国草地/灌木林主要分布于一些少雨、贫瘠的干旱、半干旱地区或高山地区，受温度、降水的限制及人类放牧的影响，其单位面积生产力比较低（宋丽弘等，2014；郑丽波，2014；修丽娜等，2014）。Piao 等（2009）基于生态调查及遥感模型法，估测我国草地/灌木碳汇在 1982～1999 年的平均碳汇为 -0.074 Pg C/a，这个结果接近本研究的估测结果，即我国草地/灌木碳汇为 -0.09 Pg C/a。

5.4　小　　结

　　本章主要介绍了中科院中国碳同化系统(CT-China)的框架集嵌套区设定、算法改进、输入数据,以及 2000～2010 年中国陆地碳源/汇估测的例证研究。主要研究内容包括以下 4 个部分。

　　(1)对中科院中国碳同化系统(CT-China)的嵌套区、生态植被分区、协方差膨胀参数及陆表过程模型参数优化方案进行了介绍、讨论。

　　(2)对中国大气 CO_2 同化系统的气象数据、先验通量(海洋先验通量、陆地先验通量、化石燃烧先验通量及火烧先验通量数据)和 CO_2 浓度观测等输入数据进行了介绍。

　　(3)用 RYO 站点观测浓度数据与中国碳同化系统 CT-China 的模拟结果进行了验证。总体验证结果说明,中国碳同化系统能够比较合理模拟、反演 CO_2 浓度和地表碳通量的时空动态变化。

　　(4)对中国 2001～2010 年陆地碳源/汇分析。

　　2001～2010 年,中国陆地生态系统吸收碳约(-0.33 ± 0.36) Pg C/a。陆地生态系统碳汇主要分布在森林、农田和草地/灌木。碳汇量分别为-0.12 Pg C/a、-0.12 Pg C/a 和-0.09 Pg C/a。

主要参考文献

孟宪军. 2014. 我国林业发展新趋势下的碳汇林业. 赤子,1:258-258

宋丽弘,郭立光,杨青龙. 2014. 研究草原碳汇经济的意义. 理论与现代化,1:60-65

肖海涛,王强,乔磊,等. 2014. 浅谈中国林业碳汇的现状与发展趋势. 内蒙古林业调查设计,37:139-140

修丽娜,冯琦胜,梁天刚. 2014. 2009 年中国草地面积动态与人类活动的关系. 草业科学,31,66-74

郑丽波. 2014. 浅论我国森林碳汇现状及进展,内蒙古林业调查设计,37,26-28

Boden T,Marland G,Andres R. 2011. Global,Regional,and National Fossil-Fuel CO_2 Emissions,10 pp,Carbon Dioxide Inf. Anal. Cent,Oak Ridge Natl. Lab,U. S. Dep. of Energy,Oak Ridge,Tenn,doi:10.3334/CDIAC/00001_V2011

Chen B,Chen J M,Ju W,2007. Remote sensing-based ecosystem-atmosphere simulation scheme (EASS)——model formulation and test with multiple-year data. Ecological Modelling,209(2-4):277-300

Chen J,Chen B. 2013. Comparison of terrestrial evapotranspiration estimates using the mass-transfer and Penman-Monteith equations in land-surface models. Journal of Geophysical Research:Biogeosciences,118:doi:10.1002/2013JG002446

Chen Z, Yu G, Ge J, et al. 2013. Temperature and precipitation control of the spatial variation of terrestrial ecosystem carbon exchange in the Asian region. Agric. Forest Meteorol, 182-183(0): 266-276

Cheng Y, An X, Yun F, et al. 2013. Simulation of CO_2 variations at Chinese background atmospheric monitoring stations between 2000 and 2009: Applying a CarbonTracker model, Chinese Science Bulletin, 1-8, doi: 10.1007/s11434-013-5895-y

Dai A. 2011. Characteristics and trends in various forms of the Palmer Drought Severity Index during 1900-2008. Journal of Geophysical Research: Atmospheres (1984-2012), (116): D12115, doi:10.1029/2010JD015541

Fang J, Guo Z. Piao S, et al. 2007. Terrestrial vegetation carbon sinks in China, 1981-2000. Sci. Chin. Ser. D Earth Sci, 50(9): 1341-1350

Gurney KR, Baker D, Rayner P, et al. 2008. Interannual variations in continental-scale net carbon exchange and sensitivity to observing networks estimated from atmospheric CO_2 inversions for the period 1980 to 2005. Global Biogeochem Cycles, 22, GB3025,oi:10.1029/2007GB003082

Imer D, Merbold L, Eugster W, et al. 2013. Temporal and spatial variations of CO_2, CH_4 and N_2O fluxes at three differently managed grasslands. Biogeosciences, 10, 5931-5945

Jiang F, Wang H W, Chen J M, et al. 2013. Nested atmospheric inversion for the terrestrial carbon sources and sinks in China. Biogeosciences, 10(8): 5311-5324

Ju H, van der Velde M, Lin E, et al. 2013. The impacts of climate change on agricultural production systems in China. Clim. Change, 120(1-2): 313-324

Krol M, Houweling S, Bregman B, et al. 2005. The two-way nested global chemistry-transport zoom model TM5: Algorithm and applications. Atmos. Chem. Phys, 5(2): 417-432

Masarie K A, Tans P P. 1995. Extension and integration of atmospheric carbon dioxide data into a globally consistent measurement record. Journal of Geophysical Research, 100(D6), 11,593-11,610

Mohammat A, Wang X, Xu X, et al. 2012. Drought and spring cooling induced recent decrease in vegetation growth in Inner Asia. Agric. Forest Meteorol, 178-179,21-30

National Climate Center. 2008. 2007 China Climate Bulletin, Chin. Meteorol. Press, 1, 40

Ni J. 2002. Carbon storage in grasslands of China. J. Arid Environ, 50(2): 205-218

Pan Y. 2011. A large and persistent carbon sink in the world's forests. Science, 333(6045), 988-993

Peter W, Miller J, Whitaker J, et al. 2005. An ensemble data assimilation system to estimate CO_2 surface fluxes fromatmospheric trace gas observations. J. Geophys. Res, 110, D24304, doi:10.1029/2005JD006157

Peters W, Jacobson A R, Sweeney C, et al. 2007. An atmospheric perspective on North American carbon dioxide exchange: CarbonTracker. Proceedings of the National Academy of Sciences, 104(48), 18925-18930.

Peters W, Krol M, Van der Werf G, et al. 2010. Seven years of recent European net terrestrial carbon dioxide exchange constrained by atmospheric observations. Global Change Biol, 16(4): 1317-1337

Peylin P, Law R, Gurney K, et al. 2013. Global atmospheric carbon budget: results from an ensemble of atmospheric CO_2 inversions. Biogeosciences, 10(3), 5301-5360, doi:10.5194/bg-10-6699-2013.

Piao S L, Friedlingstein P,Ciais P, et al. 2007. Growing season extension and its impact on terrestrial carbon cycle in the Northern Hemisphere over the past 2 decades. Global Biogeochem. Cycles, 21, GB3018, doi: 10.

1029/2006GB002888

Piao S P, Ciais P, Friedlingstein P, et al. 2008. Net carbon dioxide losses of northern ecosystems in response to autumn warming. Nature, 451(7174): 49-52

Piao S, Fang J, Ciais P, et al. 2009. The carbon balance of terrestrial ecosystems in China. *Nature*, 458, 1009-1013

Saeki T, Maksyutov S, Sasakawa M, et al. 2013. Carbon flux estimation for Siberia by inverse modeling constrained by aircraft and tower CO_2 measurements. J. Geophys. Res. Atmos, 118, 1100-1122

Stephens B B, Gurney K R, Tans P P, Sweeney C, et al. 2007. Science , 316: 1732-1735.

Takahashi T, Sutherland S C, Sweeney C, et al. 2009. Climatological mean and decadal change in surface ocean pCO_2 and net sea-air CO_2 flux over the global oceans, Deep-Sea Research II, 56, 554-577

Tian H, Melillo J, Lu C, et al. 2011. China's terrestrial carbon balance: Contributions from multiple global change factors, Global Biogeochem. Cycles, 25, GB1007

Wang X, PiaoS, Ciais P, et al. 2011. Spring temperature change and its implication in the change of vegetation growth in North America from 1982 to 2006. Proc. Natl. Acad. Sci. U. S. A, 108(4): 1240-1245

Yang Z, Washenfelder R, Keppel-Aleks G, et al. 2007. New constraints on Northern Hemisphere growing season net flux. Geophysical Research Letters, 34(12), L12807, doi: 10. 1029/2007GL029742.

Yu G R, Zhu X J, Fu Y L, et al. 2013. Spatial patterns and climate drivers of carbon fluxes in terrestrial ecosystems of China. Global Change Biol, 19(3): 798-810

Zhang H F, Chen B Z, van der Laan-Luijkx I T, et al. 2014a. Net terrestrial CO_2 exchange over China during 2001-2010 estimated with an ensemble data assimilation system for atmospheric CO_2. Journal of Geophysical Research: Atmospheres, doi: 10. 1002/2013jd021297

Zhang H F, Chen B Z, van der Laan-Luijkx I T, et al. 2014b. Estimating Asian terrestrial carbon fluxes from CONTRAIL aircraft and surface CO_2 observations for the period 2006-2010. Atmos. Chem. Phys, 13(10): 27,597-27,639

第6章 中国地基-卫星联合同化系统

传统的大气 CO_2 同化反演法是利用分散在世界各地的近地面 CO_2 浓度观测站(仅约 200 个点)数据作为观测值,采用数据同化方法,进行碳源/汇推算。由于观测站点的数量不足、分布不匀及观测指标的不统一,全球 CO_2 浓度分布的模拟和碳源/汇估算的结果具有相当大的不确定性(茹菲等,2013)。碳观测数据局限性的事实严重限制了全球 CO_2 同化反演方法的发展(Basu et al.,2013)。碳卫星遥感数据的出现,改变了这一现状,其大范围实时探测的能力及统一的探测方法和数据标准,使得卫星遥感成为全球 CO_2 实时检测的重要手段之一(何茜等,2012;Butz et al.,2011;Takagi et al.,2011;Cogan et al.,2012;Guo et al.,2012;赵静和崔伟宏,2014;Guo et al.,2014)。已发表成果表明,在传统地基同化系统中引入 CO_2 卫星数据,有助于提高区域和全球碳源/汇估测精度。我们在中科院碳同化系统(CT-China)中,引入 GOSAT(greenhouse gases observing satellite)数据,构建一个可对卫星柱浓度与站点浓度同时进行同化的中国地基-卫星的联合同化系统。

6.1 大气 CO_2 卫星遥感监测

卫星 CO_2 探测技术是大气 CO_2 浓度监测的最新技术,具有大范围实时探测的能力,在一定程度上改变了站点 CO_2 观测方法不统一、时空分布不匀及观测数量不足的现状。当前卫星 CO_2 遥感已成为全球 CO_2 浓度实时监测的重要技术手段(Basu et al.,2013;Basu et al.,2014;Butz et al.,2011;Chevallier et al.,2009;何茜等,2012)。与碳循环相关的全球变化研究中迫切需求大覆盖度的大气 CO_2 浓度数据。在这样的背景下,日本、美国和欧洲等国家和地区十分重视碳卫星技术的发展,相继研制和发射多个 CO_2 遥感卫星(如 GOSAT,OCO 等)。GOSAT 卫星是日本 2009 年发射的 CO_2 观测卫星(Butz et al.,2011;Chevallier et al.,2009;Cogan et al.,2012;Maksyutov et al.,2012;Takagi et al.,2011),其探测光谱范围包括从近红外到热红外的 4 个通道,其中 1.6~2 μm 吸收带用来探测从地面到平流层下部的 CO_2

柱含量。星载 CO_2 探测器 OCO(Orbiting Carbon Observatory),是美国国家航空和航天管理局(NASA)发展的新一代 CO_2 观测卫星探测器。继 OCO-1 2009 年发射失败后,2014 年 7 月 2 日,美国成功发射 OCO-2(Crisp et al. ,2004)。OCO 卫星搭载了一台综合 3 个通道的高分辨率光栅光谱仪的传感器,分别为 0.76 μm 的氧气 A 带、1.61 μm 的弱 CO_2 吸收带以及 2.06 μm 的较强 CO_2 吸收带,可以同时对同一地点分别获取 3 个通道的辐射观测值。除已有 CO_2 观测卫星外,中国和欧盟等国家和地区均制定了宏伟的碳卫星发展计划。我国碳卫星 TanSat 计划于 2016 年发射(Liu et al. ,2013;刘毅等 2011),其 CO_2 产品的设计精度同目前 GOSAT 产品基本相同,优于 4 ppm。TanSat 初步反演试验结果表明,在像元无污染条件下模拟反演结果精度可以优于 1 ppmv,显示了极强的应用前景(Liu et al. ,2013;刘毅等 2011)。围绕全球和区域高精度大气 CO_2 浓度监测需求,欧盟也制订了大气低层 CO_2 观测的碳卫星 CarbonSat 发射计划。综合来看,关于高分辨率的温室气体 CO_2 探测技术已成为大气 CO_2 研究新的热点。

6.1.1　GOSAT 卫星

GOSAT 是由日本宇宙航空探测机构(JAXA)、日本环境省(MOE)以及日本国家环境研究所(NIES)共同研发的世界上第一颗专用于温室气体观测的卫星。该卫星于 2009 年 1 月 23 日搭载 H-2A 火箭发射升空。卫星重 1650 kg,运行在 666 km 高的太阳同步轨道上,轨道倾角 98°,星下点空间分辨率达到 500 m,运行周期 98 min,每 4 s 采集一次大气层中的 CO_2 含量。GOSAT 卫星的主要目的是观测、获取人为排放的 CO_2 在全球和区域尺度上的源和汇,核定《京都协议书》中规定的各国应完成的人为排放 CO_2 减少量的状况。GOSAT 卫星通过搭载的傅里叶变换光谱仪 TANSO-FTS,监测地球表面的短波近红外的干涉图以及地面和大气辐射的热红外信息,通过傅里叶变换获取包含 CO_2 等温室气体吸收波长的频谱信息。TANSO-FTS 光谱仪还可获取云层和气溶胶的信息以提高观测精度。作为最早的碳专用观测卫星,GOSAT 运行至今已经积累了大量温室气体观测数据,为温室气体的卫星观测、研究提供了大量宝贵数据资料。

6.1.2　OCO 卫星

针对全球变化研究的需要,NASA 先后制订了一系列温室气体的观测卫星发射计划,OCO 和 OCO-2 是专用于 CO_2 观测的两颗代表性卫星。"轨道碳观测者"(OCO)2009 年 2 月 24 日发射失败,继 OCO 之后,"轨道碳观测者 2 号"(OCO-2)于 2014 年 7 月发射成功。OCO 的观测目标与 GOSAT 相近,旨在监测大气低层 CO_2 源和汇。OCO 为近极地轨道卫星,原定轨道高约 705km,重访周期 16 天,轨道倾角 98°,传感器为光栅光度计。考虑到 CO_2 对光谱的吸收特性,传感器的探测波段为 0.76~0.77 μm、1.59~1.62 μm 以及 2.04~2.08 μm,OCO-2 与 OCO 具有相同的轨道、参数信息,在设计上与 OCO 没有多大变化。OCO 和 OCO-2 是美国 NASA 研究人员在 GOSAT 数据分析的基础上,考虑云和气溶胶对 CO_2 监测的干扰影响,引入了检测和去除荧光信息的技术而发展的新一代碳观测卫星。OCO 系列卫星也是 NASA"A-Train"卫星编队协同观测计划的组成卫星之一。当前在轨运行的 OCO-2 卫星在监测 CO_2 信息的同时,还获取了叶绿素在光合作用中的荧光信息,可用于植物碳吸收水平的监测。

6.1.3　其他 CO_2 监测卫星

已具有 CO_2 观测能力的遥感卫星,除 GOSAT、OCO 两种专用的观测卫星外,还有一些搭载着能够探测大气 CO_2 等温室气体传感器的卫星。这类卫星有:AIRS (Atmospheric Infrared Sounder)、IASI(The Infrared Atmospheric Sounding Interferometer)、以及 SCIAMACHY(The Scanning Imaging Absorption Spectrometer for Atmospheric Cartography)等。AIRS 是搭载在著名的 EOS/Aqua 卫星上的大气红外高光谱探测器,于 2002 年 5 月发射升空。探测器的星下点空间分辨率为 13.5 km,光谱范围为 317~1514 μm,并且还包括 4 个波段范围的 0.40~0.94 μm 的近红外波段,具有 2378 个光谱通道,可用来观测 CO_2、CH_2、CO 和 N_2O 等大气气体浓度,其中 4.2 μm 和 15 μm 是 CO_2 温度探测带。AIRS 数据产品版本 V5 中 level3 数据是 CO_2 产品,空间分辨率为 2°×2.5°。Aqua 卫星上还搭载了一个先进的微波探测器 (AMSU-A)用来观测从地表到大气顶部的大气柱状数据,包括温度、云量和高度,以及湿度等信息,这些信息用来矫正 CO_2 反演的数据。

IASI 是一颗搭载于欧洲 METOP-A 卫星上的超高光谱大气探测器,其光谱通道比 AIRS 更多,有 8461 个通道,覆盖了从中红外到热红外区间 3.62~15.5 μm 的光谱范围,光谱分辨率为 0.25/cm,星下点空间分辨率为 50 km×50 km,可用来反演 CH_4、CO、CO_2 以及水汽等。

SCIMACHY 是搭载在欧洲空间局 2002 年 3 月发射的 ENVISAT 卫星上的大气

制图扫描成像吸收光谱仪,轨道高度为 799.8km,轨道倾角 98.55°±0.01°,重放周期 35 天,光谱仪光谱覆盖范围为 214~2380 nm,光谱分辨率是 0.2~1.6 nm。采用对地观测和临边观测交替进行观测,相比其他探测器,SCIAMACHY 能够观测的对流层气体类型更多,包括 O_3、O_4、CO、CO_2、SO_2 以及 HCHO 等。表 6-1 列出了当前主要 CO_2 观测卫星参数。

表 6-1　卫星参数表

传感器	GOSAT-TANSO	OCO-2	AIRS	IASI	SCIAMACHY
搭载平台 发射时间	GOSAT 2009 年 1 月	OCO-2 2009 年 2 月,发射 OCO 失败。2014 年 7 月发射 OCO-2	Aqua 2002 年 5 月	METOP-A 2006 年 10 月	ENVISAT 2002 年 3 月
国家	日本	美国	美国	欧洲	欧洲
轨道高度/km	666	705	705.3	817	799.8
观测模式	天底,耀斑, 目标	天底,耀斑, 目标	天底	天底	天底,临边,掩 星,交替观测
波长/μm 带宽/μm	0.758~0.775 1.56~1.72 1.92~2.08 5.56~14.3	0.757~0.772 1.59~1.62 2.04~2.08	3.74~4.61 6.20~8.22 8.80~15.4	3.62~5.0 5.0~8.26 8.26~15.5	0.24~0.44 0.4~1.0 1.0~1.7 1.94~2.04 2.265~2.38
采样数/天	18 700	1 500 000	2 916 000	1 296 000	8 600
当地时间	13:00±15min	13:30±15min	13:30	21:30	10:00
设计寿命/年	5	2	7	5	7

6.2　GOSAT 卫星数据产品分析

尽管多颗卫星可用于大气 CO_2 浓度的遥感监测,如 AIRS(Chahine et al.，2006；Strow et al.，2003；Aumann and Pagano，1994)、SCIAMACHY(Reuter et al.，2011)和 ISAI(Crevoisier et al.，2009；George et al.，2009；Blumstein et al.，2004)等,GOSAT 作为目前全球范围 CO_2 精确遥感观测数据的唯一来源(OCO-2 目前仍处于试运行阶段,缺乏可应用的 CO_2 观测数据),其 CO_2 浓度监测数据在时空分辨率及

精度方面都高于其他卫星数据,当前已在大气 CO_2 浓度/通量反演研究中取得很大成就(Saeki et al.,2013;Chevallier and O'Dell,2013;Takagi et al.,2011;Chevallier et al.,2009;Connor et al.,2008,Takagi et al.,2014;Basu et al.,2014)。

6.2.1 GOSAT 数据产品

我们选用 GOSAT-ACOS3.3(Version3.3 of the Atmospheric CO_2 Observations from Space)中的 L2 数据产品作为我们地基-卫星联合同化系统的卫星观测数据。ACOS 是 GOSAT 卫星的一个柱浓度反演方法,是美国宇航局(NASA)为 OCO 碳观测卫星研发的 XCO_2(column averaged dry air mole fraction of CO_2,XCO_2,即平均柱浓度)反演算法。随着 GOSAT 成功发射,改进后 ACOS 算法成功地应用于 GOSAT XCO_2 反演中(Wunch et al.,2011;O'Dell et al.,2012;Crisp et al.,2012)。ACOS 算法是基于辐射光谱过程模型、结合 Bayesian 最优估计,来实现平均柱浓度的计算。其计算主要包括 5 个步骤(Crisp et al.,2012):①对 GOSAT 获取的光谱数据进行"去云"处理;②以"预处理"后的光谱数据为基础,以"大气辐射传输"模型为正演模型,对这些光谱数据进行极化处理,生成集成多个信息的模拟辐射光谱数据;③获取光谱观测数据;④利用"反演模型"通过求解最小观测和模拟光谱的差异,获取最优柱浓度数据;⑤对柱浓度进行质量评估。前人已对 GOSAT-ACOS3.3 系列产品做了详细的质量评估及对比分析,其反演的 XCO_2 数据产品已广泛应用于许多研究中(O'Dell et al.,2012;Crisp et al.,2012;茹菲等,2013)。

GOSAT-ACOS3.3 的数据产品可以在 NASA 网站上免费下载(http://disc.sci.gsfc.nasa.gov/acdisc/documentation/ACOS.shtml)。不同于 GOSAT-ACOS2.9(XCO_2 反演波长为 1.61 μm),GOSAT-ACOS3.3 的吸收波长为 2.06 μm,这使 GO-SAT-ACOS3.3 与 GOSAT-ACOS2.9 在数据质量上大大不同。GOSAT-ACOS3.3 数据的时间分辨率为 3 天,其观测数据大部分分布在陆地上。

6.2.2 GOSAT 卫星数据的筛选和误差校正

1. GOSAT 卫星数据的筛选

为了在同化系统中提高地表碳通量反演的精度,需要确保输入同化系统的观测数据的误差在一定可接受的限度内。然而,一般情况下卫星数据存在较大的不确定性。因此,在将碳卫星数据引入同化系统前,需要对该数据进行相应的筛选。GOS-AT-ACOS 3.3 版数据的用户手册[①]提供了如表 6-2 所示的筛选规则。

表 6-2　GOSAT 卫星数据筛选规则表

数据变量	准则
RetrievalResults/outcome_flag	陆地 M-model 观测模式 1 或 2
RetrievalResults/aerosol_total_aod	$0.01 \sim 0.2$
SoundingGeometry/sounding_altitude_stddev	<200
IMAPDOASPreprocessing/co2_ratio_idp	$0.995 \sim 1.015$
IMAPDOASPreprocessing/h2o_ratio_idp	$0.92 \sim 1.05$
ABandCloudScreen/surface_pressure_delta_cld	$-825 \sim 575 \, Pa$
SpectralParameters/reduced_chi_squared_o2_fph	<1.5
RetrievalResults/albedo_slope_strong_co2	$>-10.0 \times 10^{-5}$
RetrievalResults/albedo_slope_o2	$<-1.3 \times 10^{-5}$
Blended Albedo	<0.8

表 6-2 中的所有变量名均为 ACOS 数据集中的数据参数名,其中参数 blended albedo 并不存在于 ACOS 数据集中,需要通过以下公式计算得到:

$$\text{blended albedo} = 2.4 \boldsymbol{A}_{O_2 A} - 1.13 \boldsymbol{A}_{SCO_2} \tag{6-1}$$

式中,$\boldsymbol{A}_{O_2 A}$ 是 O_2 波段的值(RetrievalResults/albedo_o2_fph 的值);$\boldsymbol{A}_{SCO_2}$ 是 CO_2 波段的值(RetrievalResults/albedo_strong_co2_fph 的值),详细内容可参考文章 Wunch 等(2011)。

2. GOSAT 卫星数据的误差校正

根据 GOSAT-ACOS 3.3 版数据的用户手册要求,对卫星柱浓度数据筛选后,仍然需要对柱浓度数据误差进行校正。柱浓度数据中的误差与其他某些参数存在着相关性,据 Wunch 等(2011)研究,可以使用如下公式进行偏差校正:

$$\boldsymbol{X}'_{CO_2} = \boldsymbol{X}_{CO_2} - 1.25 \times 10^{-3} \times (\Delta \boldsymbol{P}_{S,CLD} + 125) + 1.98 \times (\boldsymbol{S}_{31} - 0.60) - 1.2 \tag{6-2}$$

[①]　Osterman G,Eldering A,Avis C,et al. 2011. ACOS 3.3 Level 2 Standard Product Data User's Guide,v3. 3,GES DISC:Greenbelt,MD,USA

式中，$\Delta P_{S,CLD}$ 为得到的地表气压与先验地表气压之间的差，按如下公式计算：

$$\Delta P_{S,CLD} = ABandCloudScreen/surface\_surface\_delta\_cld \qquad (6\text{-}3)$$

S_{31} 是强 CO_2 波段与 O_2A 波段的信号比，计算如下：

$$S_{31} = signal\_strong\_co2\_fph/signal\_o2\_fph \qquad (6\text{-}4)$$

这两个信号数据都包含在数据文件的波谱参数（spectral parameters）中。

6.2.3　GOSAT 数据的不确定性分析

我们对筛选和误差校正后的 GOSAT 进行不确定性分析，以确保其数据质量。本节分别采用 GOSAT、TCCON 观测数据和中科院碳同化系统 CT-China 浓度模拟数据（未加入卫星）比较方法，来分析柱浓度数据的不确定性。

1. 与 TCCON 数据的比较

GOSAT-ACOS 3.3 柱浓度数据与各个 TCCON 站点柱浓度数据之间的差异如表 6-3 所示。

表 6-3　GOSAT 卫星数据与 TCCON 站点的对比分析表　　（单位：ppm）

TCCON 站点名	柱浓度平均偏差	偏差标准差
Ascension Island	−0.635 637 7	0.173 056 39
Bialystok	0.627 757 137	2.689 958 084
Bremen	−0.964 446 491	1.372 763 668
Darwin	−0.687 799 465	2.797 816 392
Garmisch	1.369 708 082	2.238 785 508
Karlsruhe	0.958 405 299	1.104 773 031
Lauder 120HR	0.415 498 547	1.838 643 785
Lauder 125HR	−0.340 698 33	1.649 648 183
Lamont	−0.639 078 657	1.396 220 511
Orleans	−1.713 363 288	1.559 715 638
Park Falls	−0.466 757 768	1.580 346 934
Sodankyla	0.092 082 125	0.200 800 877
Tsukuba 120HR	−0.154 154 378	2.138 531 323
Wollongong	0.968 774 819	1.915 273 436

二者之间偏差均在 2.0ppm 以内,其中 Garmisch 站点的偏差最大(1.369ppm),Sodankyla 站点的偏差最小(0.092ppm)。

图 6-1～图 6-5 为 GOSAT 数据在各个站点的时间序列图。

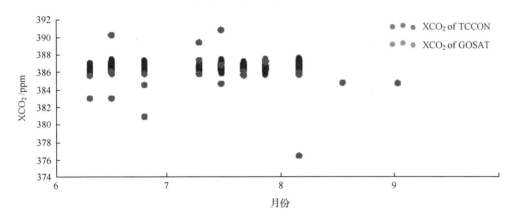

图 6-1　Darwin 站点与 GOSAT 数据结果比较图

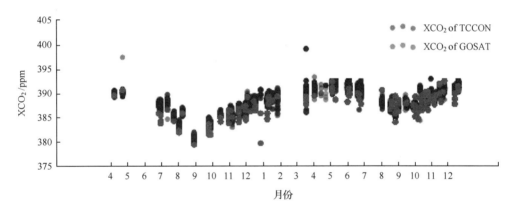

图 6-2　Lamont 站点与 GOSAT 数据结果比较图

由于卫星过境周期与站点采样频率不一致,二者互相匹配的观测值较少。GOS-AT 与 TCCON 观测柱浓度值之间虽然存在一定误差,但总体变化趋势一致,认为GOSAT 数据的不确定性在可接受的范围内。

2. 与中科院碳同化系统模拟结果的比较

由于 TCCON 观测数据被用来反演 GOSAT 柱浓度数据,因此,使用 TCCON 观测数据无法客观评价其不确定性。所以,可以通过比较 GOSAT 柱浓度与 CT-China模拟柱浓度值之间的差异来进一步判断卫星浓度数据的不确定性。

在对比卫星和中科院碳同化系统 CT-China 模拟浓度之前,首先要进行尺度转

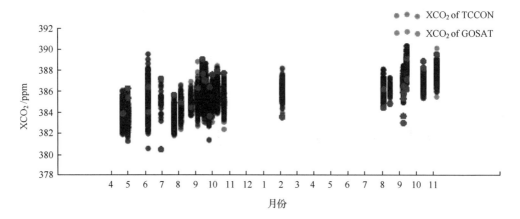

图 6-3　Lauder 站点与 GOSAT 数据结果比较图

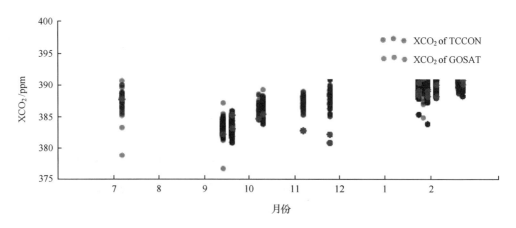

图 6-4　Tsukuba 站点与 GOSAT 数据结果比较图

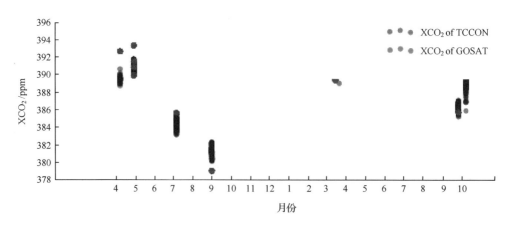

图 6-5　Park Falls 站点与 GOSAT 数据结果比较图

换,把 CT-China 模型模拟的 25 层垂直分层浓度与 GOSAT 柱浓度 XCO_2 相匹配。根据 Rodgers 和 Connor(2003)方法,中科院碳同化系统 CT-China 的分层模拟浓度,采用如下计算公式进行转换:

$$XCO_2 = \boldsymbol{h}^T \boldsymbol{X}_a + \boldsymbol{h}^T \boldsymbol{A}(\boldsymbol{X}_h - \boldsymbol{X}_a) \tag{6-5}$$

式中,$\boldsymbol{h}^T$ 表示转置后的 GOSAT 的气压权重函数;$\boldsymbol{X}_a$ 是 GOSAT 的先验 CO_2 廓线;$\boldsymbol{A}$ 是 GOSAT 的平均核函数;$\boldsymbol{X}_h$ 是 CT-China 在 GOSAT 浓度垂直分层高度上的插值。

GOSAT-ACOS 3.3 和 CT-China 的 XCO_2 对比分析图如图 6-6 所示。

分析图 6-6:GOSAT XCO_2 的空间分布随季节变化而变化,CO_2 浓度最高值 [(388.62±2.47)ppm]出现在春天,最低值[(386.99±1.99)ppm]出现在夏天。这种 CO_2 的季节变化是合理的,并与已有的研究结果一致(春高夏低)(Parker et al.,2011;Cogan et al.,2012;Qu et al.,2013)。GOSAT 和 CT-China 时空分布基本一致。GOSAT XCO_2 和 CT-China XCO_2 平均季节差异(差异=CT-China-GOSAT)在 -0.01 和 -0.66 之间,最大偏差[(-0.66±1.72)ppm]出现在冬天,最小偏差 [(-0.01±1.71)ppm]出现在秋天。

2009 年 4 月～2010 年 12 月,GOSAT 和 CT-China 间浓度的相关系数为 0.79,观测和模拟浓度均呈现明显的纬度和季节变化。春季 GOSAT 和 CT-China 间 XCO_2 的相关系数较高[相关系数 $R=0.92$,偏差=(-0.49±1.88)ppm],纬度梯度变化呈现出南低北高(南半球的 XCO_2 低于同纬度的北半球)。夏季 GOSAT 和中科院碳同化系统 CT-China 的 XCO_2 数据的相关系数为 $R=0.95$,偏差=(0.23±1.81) ppm,但与春季的 CO_2 纬度梯度变化不同,GOSAT 和 CT-China 在北纬的 CO_2 浓度呈明显降低。其降低的主要原因是北半球在夏季植被光合作用的强力吸收下,其 XCO_2 明显减少。秋天观测和模拟的 XCO_2 数据的相关系数最小(相关系数 $R=0.66$),其偏差也比较大[偏差=(-0.53±1.91)ppm]。造成这一秋天大差异的原因可能是由于 GOSAT 受云层扰动、气溶胶的变化及其他 GOSAT 数据的地球物理参数影响,使 GOSAT 观测精度下降。冬季,北纬高纬度地区受云层和太阳天顶角的制约,GOSAT 数据量降低。12～翌年 2 月,GOSAT 和 CT-China XCO_2 数据的相关系数为 0.80,相关性较好。

由于热带有限的观测点个数及强烈区域碳源影响了 CT-China 的浓度模拟精度,最大偏差出现在纬度 0～15°N,其纬度间的误差约达到 4ppm。因而,在以后的卫星-地基联合同化过程中要注意收集热带区的站点观测及 GOSAT 观测,以提高该

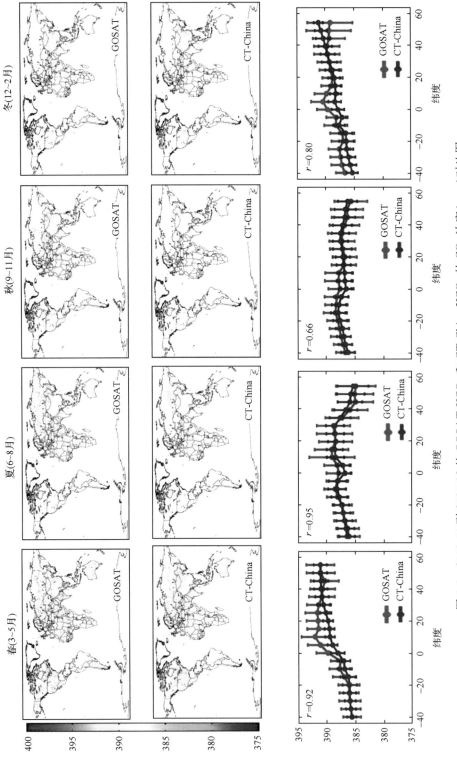

图 6-6　2009-04 到 2010-12 的 GOSAT XCO₂ 和 CT-China XCO₂ 的 CO₂ 浓度（ppm）对比图

区的 CO_2 模拟精度。GOSAT 观测的 CO_2 浓度值的变化幅度明显大于中科院碳同化系统 CT-China 模型模拟值。这是由于在某个时刻全球大气 CO_2 浓度的分布受空间分布离散且不均的 CO_2 排放源（如大型电厂、森林火灾等）（Bovensmann et al.，2010）以及植被生态吸收等影响，因此现实中即使风力的输送可以均化大气分子的分布，但在瞬间某个时刻全球大气 CO_2 浓度值的空间分布应该处于不均匀分布。卫星观测可以实时客观地捕捉到大气在观测时刻点上 CO_2 的浓度，因此卫星观测的大气 CO_2 浓度的空间变化幅度或许比模型模拟更为客观地刻画了人为排放源等对大气 CO_2 浓度的贡献。模型模拟由于在大气输送过程计算中没有精确的点源排放数据，使得模型模拟的大气 CO_2 浓度显示了平滑的空间变化。

对比分析 2009 年 4 月～2010 年 12 月 GOSAT XCO_2 和 CT-China XCO_2 在南北半球及七大洲间 CO_2 浓度（图 6-7）表明，受北半球复杂地理分布、强烈人类活动及气息万变的气候变化影响，北半球的 CO_2 年间和季节变化较南半球明显，数据不确定性也应较南半球大。全球陆表 GOSAT 和 CT-China XCO_2 的平均差异为（-0.11±1.81）ppm，其中南半球[（-0.25±1.45）ppm]偏差显著大于北半球[（-0.04±1.96）ppm]。

根据图 6-7 分析 2009 年 4 月～2010 年 12 月 GOSAT XCO_2 和 CT-China XCO_2 在南北美、欧洲、亚洲、非洲、澳洲与大洋洲等七大洲间 CO_2 浓度分布特征：在欧洲和亚洲，GOSAT 和 CT-China XCO_2 彼此间有很好的一致性，其相关系数达到 $r=0.80$。而在北美地区，尽管该区受到了强烈的人类排放源的影响，GOSAT 和 CT-China 间的 XCO_2 仍表现出高度一致，$r=0.81$。总体而言，在北半球陆地 CO_2 观测与模拟之间相关较好，CT-China 模型能捕获到 GOSAT 观测变化的 80% 以上的 CO_2 柱浓度。但在南美洲和澳大利亚，由于观测数据的不足（Parker et al.，2011；Cogan et al.，2012）及大气传输过程的缺陷，模型只能捕获到观测变化的 50%～60% 的信息。

CT-China 和 GOSAT 的全球柱浓度平均差异为（-0.11±1.81）ppm，最大偏差[（-0.66±1.72）ppm]和最小偏差[（-0.01±1.71）ppm]分别出现在冬季和秋季。就柱浓度随纬度梯度变化而言，最大纬度梯度偏差（约为 4 ppm）出现在 5°～15°N，表明该地区的浓度估测结果的不确定性较大，需要进一步通过增加观测数据、调整模型参数来提高该区的模拟精度。研究同样发现 CT-China XCO_2 与 GOSAT XCO_2 匹配较好（相关系数 $r=0.77$）。北半球陆地 CO_2 观测与模拟之间相关较好，CT-China 模型能捕获到 GOSAT 观测变化的 80% 以上的 CO_2 柱浓度。但在南美洲和澳大利亚，模型只能捕获到观测变化的 50%～60% 的信息。另外，由于陆地自然资源和人类活动的强烈影响,不同的大陆显示不同的 XCO_2 季节变化。

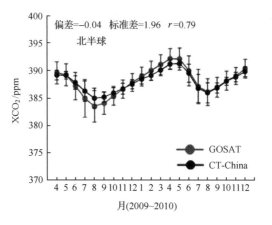

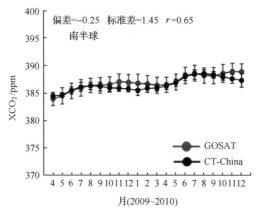

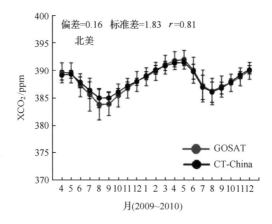

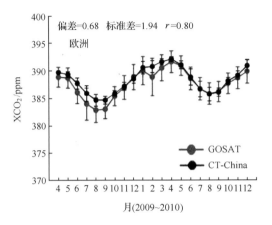

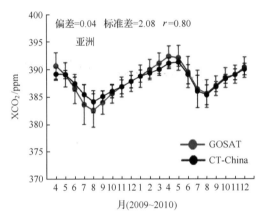

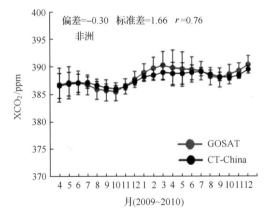

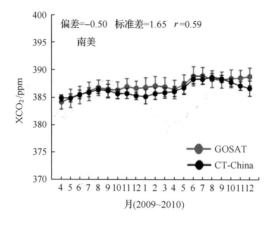

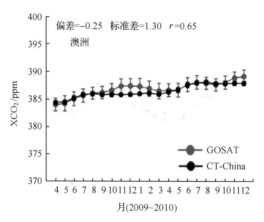

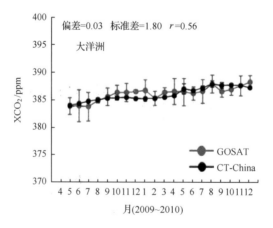

图 6-7　2009 年 4 月～2010 年 12 月 GOSAT XCO$_2$ 和 CT-China XCO$_2$

在南北半球及七大洲间 CO$_2$ 浓度对比图

6.3 地基-卫星联合同化算法

数据同化技术具有融合不同来源和不同分辨率、直接与间接观测数据的能力，它将过程模型和各种观测算子集合为不断地依靠观测而自动调整模型轨迹的综合模式，从而达到提高模型模拟结果的目的（Houtekamer and Mitchell，1998）。数据同化的基本思想是依据系统的时间演变规律及物理特性，最大限度地将各种来源的观测信息融合到模式中，从而更准确地描述和预报系统中各种状态变量的变化情况（王跃山，1999；Fairbairn et al.，2014；Kalnay，2003），是一种充分利用时间演化顺序和物理属性将观测信息积蓄到模型中，从而提高模型预报和模拟能力、提高对研究系统的物理机制理解的分析技术。

就目前的碳卫星数据同化而言，一般采用的是变分数据同化法（如 3Dvar 或 4DVar）（Tian et al.，2013；张爱忠等，2006；龚建东和李维京，1999）和集合卡尔曼滤波算法（Burgers et al.，1998；Allen et al.，2003；Evensen，2003）。前者往往需要对复杂的伴随模型进行高成本的计算，其同化效率及性能一般要逊于卡尔曼滤波。而碳同化中经常采用的集合卡尔曼算法进行同化，作为一种顺序数据同化方法，它综合一切可能利用的观测信息对特定变量进行估计，使估计的统计误差达到最小。本节在中科院碳同化系统 CT-China（Peters et al.，2007；Zhang et al.，2014a，b）的工作基础上，采用集合卡尔曼滤波（EnKS，ensemble Kalman smooth）来对卫星-地基 CO_2 联合同化法进行说明。

由于 CT-China 模型构成和地基观测浓度同化过程已在第 4 章和第 5 章中有详细的描述，本节只对卫星柱浓度同化过程进行阐述。

6.3.1 卫星-地基 CO_2 联合同化方案

首先给出碳源/汇同化的过程控制方程：

$$\begin{cases} 预报控制方程：x_i = M_{i-1}x_{i-1} + \eta \\ 观测控制方程：y^0 = H_i(x_i) + \xi \end{cases} \tag{6-6}$$

式中，x_i 为状态变量；M_{i-1} 为预报算子；y^0 为 CO_2 柱浓度观测值；H_i 为观测算子；ξ 为观测误差；η 为模型误值；$Q = \mathrm{var}(\eta)$ 为模型误差方差矩阵；$R = \mathrm{var}(\zeta)$ 为观测误差值方差矩阵，相关变量信息见表 6-4。

公式(6-6)这两个过程方程分别用来描述状态变量 CO_2 通量的预报过程和 CO_2 浓度值的模拟过程。根据公式(6-6),我们给出卫星柱浓度同化方法的代价函数:

$$J = \frac{1}{2}\left[\boldsymbol{y}^0 - \boldsymbol{H}(\boldsymbol{x})\right]^{\mathrm{T}}\boldsymbol{R}^{-1}\left[\boldsymbol{y}^0 - \boldsymbol{H}(\boldsymbol{x})\right] + \frac{1}{2}(\boldsymbol{x} - \boldsymbol{x}_0)^{\mathrm{T}}\boldsymbol{P}^{-1}(\boldsymbol{x} - \boldsymbol{x}_0) \quad (6\text{-}7)$$

式中,$\boldsymbol{y}^0$ 为卫星柱浓度观测值;$\boldsymbol{R}$ 为观测值的误差协方差矩阵;$\boldsymbol{x}_0$ 为先验 CO_2 通量;$\boldsymbol{P}$ 为 CO_2 通量的误差协方差矩阵;$\boldsymbol{x}$ 是状态变量,代表的是同化模型中要求解的 CO_2 通量;$\boldsymbol{H}$ 是观测算子,这里的观测算子是大气传输模型,用以模拟 CO_2 浓度值并根据观测数据的空间、时间信息来对模拟浓度进行采样,为同化提供数据准备。与一般的数据同化方法一样,在同一个同化窗口内卫星柱浓度同化方法分两个步骤来求解最优 CO_2 通量:状态分析过程和状态预报过程。

表 6-4　数据同化标识信息表

标识	名字	单位	维度
$\boldsymbol{x}$	状态向量,CO_2 通量	kg C/(m² · s)	s
$\boldsymbol{x}'$	状态向量的偏差	kg C/(m² · s)	s
$\boldsymbol{P}$	状态向量的协方差矩阵	[kg C/(m² · s)]²	$s \times s$
$\boldsymbol{y}^0$	观测向量	ppm	m
$\boldsymbol{R}$	观测向量的协方差矩阵	ppm²	$m \times m$
$\boldsymbol{H}$	观测算子	kg C/(m² · s)=>ppm	$s \times m$
$\boldsymbol{M}$	预报模型	kg C/(m² · s)	
$\boldsymbol{Q}$	预报模型误差矩阵	[kg C/(m² · s)]²	$s \times s$
$\boldsymbol{\eta}$	预报模型误差向量	kg C/(m² · s)	s
$CO_{2i}(x,y,z,t)$	CO_2 背景浓度	ppm	TM5 grid$\times N$

1. 状态分析

求解的状态变量 x 和它的协方差 P 的计算公式如下:

$$\boldsymbol{x}_t^{\mathrm{a}} = \boldsymbol{x}_t^{\mathrm{b}} + \boldsymbol{K}\left[\boldsymbol{y}^0 - \boldsymbol{H}(\boldsymbol{x}_t^{\mathrm{b}})\right] \quad (6\text{-}8)$$

$$\boldsymbol{P}_t^{\mathrm{a}} = (\boldsymbol{I} - \boldsymbol{K}\boldsymbol{H})\boldsymbol{P}_t^{\mathrm{b}} \quad (6\text{-}9)$$

式中,下标 t 代表时间,上标 b 代表背景值,而上标 a 代表分析值;$\boldsymbol{x}_t^{\mathrm{a}}$ 为 t 时刻 CO_2 通量的分析场,$\boldsymbol{x}_t^{\mathrm{b}}$ 为 t 时刻 CO_2 通量的背景场,$\boldsymbol{y}^0$ 是 GOSAT 平均柱浓度 XCO_2 观测向量,$\boldsymbol{P}_t^{\mathrm{b}}$ 是 t 时刻 CO_2 通量背景误差协方差矩阵,$\boldsymbol{P}_t^{\mathrm{a}}$ 是 t 时刻 CO_2 通量分析误差协

方差矩阵;观测算子 $H(\cdot)$ 将状态变量投影到观测空间,$H(x_t^b)$ 表示大气传输模型预报的 CO_2 平均柱浓度 y_t^b。由于 GOSAT 的平均柱浓度 XCO_2 是各层 CO_2 浓度的加权平均,因此在通量同化反演过程中,必须使用相同的加权平均算子来计算 y_t^b,根据 Rodgers 和 Conner(2003),计算公式如下:

$$y_t^b = H(x_t^b) = y_t^{priori} + h^T A [S(x_t^b) - f_t^{priori}] \tag{6-10}$$

式中,y_t^{priori} 是卫星资料反演的先验平均柱浓度;h 是气压加权函数,A 是卫星资料反演的平均核函数;$S(\cdot)$ 是空间插值算子,它将大气传输模型模拟得到的三维 CO_2 浓度场插值到 GOSAT 卫星观测的星下点,得到该点的 CO_2 垂直廓线;f_t^{priori} 为卫星资料反演的先验廓线。观测误差方差矩阵 R 包含了卫星探测仪器的探测误差和反演模型的模拟误差。由于同化效果与模式系统和观测资料的质量都密切相关,同化中只挑选了 ACOS V3.3 中标记为 Good,且与大气传输模型模拟所得的平均柱浓度相差小于 3ppm 的卫星柱浓度数据进入同化过程。为了简单考虑,假设观测误差是不相关的,即观测误差方差矩阵 R 是值为 $9(3^2)$ 的对角矩阵。

式(6-8)中,K 为卡尔曼增益系数,其计算公式如下:

$$K = (P_t^b H^T)/(HP_t^b H^T + R) \tag{6-11}$$

为了使方程求解方便、简洁,在同化系统中对状态向量 x 进行细分,把它定义为其均值 $\bar{x}$、偏差 x' 之和,即

$$X = \bar{x} + x' \tag{6-12}$$

则状态向量偏差 x'(维度 N)每一列的矩阵定义为

$$X = \frac{1}{\sqrt{N-1}} (x_1', x_2', \cdots, x_N')^T \tag{6-13}$$

$$= \frac{1}{\sqrt{N-1}} (x_1 - \bar{x}, x_2 - \bar{x}, \cdots, x_N - \bar{x})^T \tag{6-14}$$

根据公式(6-14),方差矩阵可以写成:

$$P^a = XX^T \tag{6-15}$$

为了减少计算量,在计算卡尔曼增益系数 K 时对公式中的 HPH^T,PH^T 进行了简化处理,HPH^T,PH^T 可定义为

$$HPH^T \approx \frac{1}{N-1} [H(x_1'), H(x_2'), \cdots, H(x_N')] \times [H(x_1'), H(x_2'), \cdots, H(x_N')]^T$$

$$\tag{6-16}$$

$$\boldsymbol{PH}^{\mathrm{T}} \approx \frac{1}{N-1}(\boldsymbol{x}_1', \boldsymbol{x}_2', \cdots, \boldsymbol{x}_N') \times \left[\boldsymbol{H}(\boldsymbol{x}_1'), \boldsymbol{H}(\boldsymbol{x}_2'), \cdots, \boldsymbol{H}(\boldsymbol{x}_N')\right]^{\mathrm{T}} \quad (6\text{-}17)$$

对于单独一个 CO_2 观测值来说,公式(6-16)变成了 2 个矩阵的点乘,$\boldsymbol{HPH}^{\mathrm{T}}$ 则变成了一个标量,而 $\boldsymbol{PH}^{\mathrm{T}}$ 则变成了一个 $s \times 1$ 的向量。利用公式(6-16)、公式(6-17)计算出来的 $\boldsymbol{HPH}^{\mathrm{T}}$ 和 $\boldsymbol{PH}^{\mathrm{T}}$,很容易就计算卡尔曼增益系数 K,实现公式(6-11)(卡尔曼增益系数)的求解。

卡尔曼增益矩阵 K 是用来更新平均状态向量 $\bar{\boldsymbol{x}}$,结合公式(6-8),实现平均状态变量 $\bar{\boldsymbol{x}}$ 分析值的更新。平均状态变量 $\bar{\boldsymbol{x}}$ 更新的同时,对状态向量的偏差 $\boldsymbol{x}'$ 也进行了相应的更新,更新公式如下:

$$\boldsymbol{x}_i'^{\,a} = \boldsymbol{x}_i'^{\,b} - \widetilde{\boldsymbol{k}} \boldsymbol{H}(\boldsymbol{x}_i'^{\,b}) \quad (6\text{-}18)$$

公式(6-18)中,向量 $\widetilde{\boldsymbol{k}}$ 与卡尔曼增益矩阵 $\boldsymbol{K}$ 之间存在相关性,可用公式表示如下:

$$\widetilde{\boldsymbol{k}} = \boldsymbol{K} \times \boldsymbol{\alpha}$$
$$\boldsymbol{\alpha} = \left(1 + \sqrt{\frac{\boldsymbol{R}}{\boldsymbol{HPH}^{\mathrm{T}} + \boldsymbol{R}}}\right)^{-1} \quad (6\text{-}19)$$

这种对状态向量 $\bar{\boldsymbol{x}}$ 和状态向量偏差 $\boldsymbol{x}'$ 分别更新的方式,可有效防止系统性低估 $\boldsymbol{P}^a$ 量。且 $\boldsymbol{\alpha}$ 的计算过程十分简单,只需估算出向量 $\boldsymbol{R}$ 和 $\boldsymbol{HPH}^{\mathrm{T}}$,就可计算出 $\boldsymbol{\alpha}$。对应于状态向量 $\boldsymbol{x}$ 的更新,系统也对取样点处的 CO_2 浓度模拟值 $y_t^b = \boldsymbol{H}(\boldsymbol{x}_t^b)$ 进行更新。一般来说,CO_2 浓度模拟值更新的最直接方式就是利用更新后的 x 计算出一系列新的背景通量,通过重新运行大气传输模型估算出新的 CO_2 浓度模拟值,达到取样点处的 CO_2 浓度模拟值更新的目的。然而,这种通过运行大气传输模型进行浓度更新的方式计算代价十分巨大,相当于 CO_2 浓度观测值每更新一次状态向量时大气传输模型就要重新运行一次。因此,为了提高运行效率,我们对浓度数据采取了类似于状态向量 $\bar{\boldsymbol{x}}$ 和状态向量偏差 $\boldsymbol{x}'$ 的更新方式,CO_2 浓度模拟值的更新也通过卡尔曼增益矩阵 $\boldsymbol{K}$ 来实现。取样点 m 处的 CO_2 浓度模拟值 $\boldsymbol{H}(\boldsymbol{x}_t^b)_m$ 的更新方式如下:

$$\boldsymbol{H}(\boldsymbol{x}_t^a)_m = \boldsymbol{H}(\boldsymbol{x}_t^b)_m + \boldsymbol{H}_m \boldsymbol{K}\left[\boldsymbol{y}_t^0 - \boldsymbol{H}(\boldsymbol{x}_t^b)\right] \quad (6\text{-}20)$$

其偏差的更新方式如下:

$$\boldsymbol{H}(\boldsymbol{x}_i'^{\,a})_m = \boldsymbol{H}(\boldsymbol{x}_i'^{\,b})_m - \boldsymbol{H}_m \widetilde{\boldsymbol{k}}\left[\boldsymbol{H}(\boldsymbol{x}_i^b)\right] \quad (6\text{-}21)$$

在完成状态向量 $\bar{\boldsymbol{x}}$ 和状态向量偏差 $\boldsymbol{x}'$ 和浓度 $\boldsymbol{H}(\boldsymbol{x})_m$、偏差 $\boldsymbol{H}(\boldsymbol{x}_i')_m$ 更新后,系统将状态向量作为背景值推动碳同化系统向下一个时刻运行。

2. 状态预报

卫星柱浓度同化的另一个重要过程是状态变量的预报过程(用 M 来表示)。预报过程描述了状态变量在时间上的更新,以前时刻的状态变量 x_t^a 为背景量,通过预报算子 M 估测出下一时刻的状态变量 x_{t+1}^b 及方差矩阵 P_{t+1}^b 的预报值:

$$x_{t+1}^b = M(x_t^a) \tag{6-22}$$

$$P_{t+1}^b = MP_t^a M^T + Q \tag{6-23}$$

在现在的同化系统中,简化了预报过程,用单位造成矩阵 I 来代替预报算子。

6.3.2　同化循环

图 6-8 描述了 3 个 CO_2 循环过程(每个循环过程包含 5 周的滞后窗口)。状态变量(CO_2 通量)描述为 $x_i(0,1,\cdots,4)$,其中括号内的 数据($0,1,\cdots,4$) 代表的是该状态变量(CO_2 通量)被之前的循环过程同化的次数,下标 i 代表的是状态变量(CO_2 通量)集合数。白色框代表的是状态变量背景场(预报场),浅蓝色代表的是状态变量分析场。CO_2 循环过程如下:①从点 A→B 处,运行 TM5[以白色框内的 $x_i(0,1,\cdots,4)$ 为驱动数据]产生 $CO_{2_i}(x,y,z,t+1)$ 到 $CO_{2_i}(x,y,z,t+5)$ 模拟浓度;②将 $CO_{2_i}(x,y,z,t+1)$ ～ $CO_{2_i}(x,y,z,t+5)$ 模拟浓度与 $y(t+1)$～$y(t+5)$ 作对比,优化状态变量 $x_i(0,1,\cdots,4)$;③从点 A→C 处,将 $x_i^a(4)$ 为驱动数据,驱动大气传输模型 TM5 模拟出优化后的 $CO_{2_i}(x,y,z,t+1)$ 浓度;④ $x_i^a(0,1,2,3)$ 分析场变成背景场,开始 $t+1$ 时刻的循环过程。

卫星柱浓度同化循环过程是一个观测、大气传输模型、状态预报和状态分析相互综合作用的过程。区别于其他数据同化过程,在同一个碳同化循环过程中包含有多个时间步长的状态变量的共同同化(时间步行为周)。这是由于 CO_2 通量与浓度之间存在着时间滞后性:当前观测到的 CO_2 浓度是由前期 CO_2 通量不断的传输、扩散变化后累积所成。这种 CO_2 通量与浓度间的“滞后”问题被同化系统数学表述为“滞后窗口”,其描述过程及步长设定我们已在第 5 章进行了详细说明。为了方便描述卫星柱浓度同化循环过程,我们将“滞后窗口”设定为 5 周。图 6-8 描述了卫星柱浓度同化的循环过程:在这个循环过程,状态变量(CO_2 通量)描述为 $x_i(0,1,\cdots,4)$,括号内的数据($0,1,\cdots,4$)代表的是该状态变量(CO_2 通量)被之前的循环过程同化的次数,下标 i 代表的是状态变量(CO_2 通量)集合数;白色框代表的是状态变量背景值(预报值),浅蓝色代表的是状态变量分析值。一个完整的 CO_2 循环过程描述如下：

1）在 t 时刻，以白色框内的 $x_i(0,1,\cdots,4)$ 为驱动数据，驱动大气传输模型模拟出 $CO_{2_i}(x,y,z,t+1)$ 到 $CO_{2_i}(x,y,z,t+5)$ 5 周的 CO_2 浓度模拟值，并根据浓度观测值 $y(t)\sim y(t+5)$ 的时间、空间及高程信息对模拟浓度采样，为同化作准备。

2）根据"6.3.1 卫星-地基 CO_2 联合同化方案"的公式(6-8)和公式(6-18)对 t 时刻同化循环过程的 5 周 $x_i(0,1,\cdots,4)$ 状态变量(CO_2 通量平均值和偏差)进行同化，获取状态变量(CO_2 通量)的分析值。

3）$x_i^a(4)$ 将不进入下一个循环过程($t+1$ 时刻)。将 $x_i^a(4)$ 为驱动数据，驱动大气传输模型 TM5 模拟出优化后的 $CO_{2_i}(x,y,z,t+1)$ 浓度。

4）根据"6.3.1 卫星-地基 CO_2 联合同化方案"的公式(6-22)，t 时刻的 $x_i^a(0,1,2,3)$ 分析场变成背景场，进入 $t+1$ 时刻循环过程。一个新的状态变量 $x_i(0)$ 及新的观测数据 $y(t+6)$ 进入循环，开始新的循环过程。

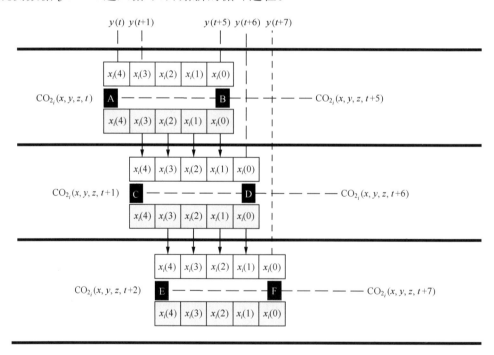

图 6-8　卫星柱浓度同化循环过程技术路线图

6.4　同化系统的设置及验证

本研究以全球（6°×4°）为背景，以中国区（1°×1°）为主要研究对象，利用卫星-地基联合同化方法对中国陆地碳汇进行估算及验证。

6.4.1　模型输入与输出设置

在模型运行之前，对模型输入及输出项进行设定。模型的驱动数据主要包括 CO_2 站点及卫星浓度观测数据、4 个先验通量、气象及下垫面数据，数据的来源及时空分辨率见表 6-5。其中，植被类型、LAI、土壤质地等下垫面数据主要用来驱动生

表 6-5　输入数据信息表

种类		数据来源	时空分辨率
观测数据		NOAA-ESRL CSIRO NCAR LBNL EC GOSAT	flask 为周平均，Situ quasi-continuous 为 12～16 时天平均值；GOSAT 为 3 天一个值
先验通量	陆地	生态模式模拟数据	1°×1°，天平均
	海洋	Takahashi 等（2009）	1°×1°，月均
	化石燃料	CDIAC	1°×1°，月均
	火烧	GFEDv2	1°×1°，月均
气象数据	风、湿、温、压等	ECMWF 用以驱动 TM5 及同化系统运行	空间分辨率为 1°×1°小时，气象数据时间分辨率为 3 h
下垫面数据	植被类型、LAI、土壤质地等	ECMWF、MODIS 等用以驱动生态模式运行	

注：EC：Environment Canada，加拿大环境中心；NCAR：National Center for Atmospheric Research，美国国家大气研究中心；LBNL：Lawrence Berkeley National Laboratory，伯克利国家实验室；NOAA：National Oceanic and Atmospheric Administration，美国国家海洋和大气管理局；ESRL：Earth System Research Laboratory，地球系统研究实验室；CDIAC：Carbon Dioxide Information and Analysis Center，CO_2 信息分析中心；GFEDv2：Global Fire Emissions Database version 2，全球火灾排放数据库（v2）；CSIRO：Commonwealth Scientific and Industrial Research Organization，Australia，即澳大利亚联邦科学和工业研究组织。

态模式的运行,为卫星-地基 CO_2 联合同化系统提供陆表先验碳通量;风、湿、温、压等气象数据以及陆地、海洋、火烧及化石燃料等先验通量主要用来驱动大气传输模型的运行,为数据同化提供模拟浓度;CO_2 站点及卫星数据主要为数据同化过程提供浓度观测值,通过最小化观测与模拟浓度之差,最终实现 CO_2 浓度和通量的优化。

模型输入项设定了模式运行的起始时间、模型运行频率及滞后窗口见表 6-6。

表 6-6　模型输入设定

模型运行时段	起始时间	2009-01-01 00:00:00
	结束时间	2010-12-31 00:00:00
初始化循环年(spin up year)		2009 年
模型运行频率		3600 s
模型滞后窗口/周		5 周
同化集合数(ensemble size)		150
分辨率设定	时间分辨率	7 天
	空间分辨率	全球:6°×4° 亚洲:3°×2° 中国:1°×1°

为了同时获取全球生态系统和中国陆地生态系统时空分布特征,嵌套设定 3 个不同空间分辨率研究区,用以综合模拟分析全球生态系统碳源/汇时空特征,重点分析中国陆地生态系统碳源/汇的变化趋势,确定中国对全球生态系统碳汇的贡献。我们以全球(6°×4°)为背景区,在亚洲设定一个一级嵌套区(过渡性质的嵌套区,用来过渡中国嵌套区),其空间分辨率为 3°×2°,在亚洲嵌套区的基础上再设立一个二级嵌套区(1°×1°),用来研究中国的陆地碳汇分布情况。

此外,模型也对模型输出项进行了设定,最终输出结果为周步长的、全球(6°×4°)、亚洲(3°×2°)、中国(1°×1°)CO_2 浓度及源汇分布图,具体设置见表 6-7。

表 6-7　模型输出设定

输出变量	时空分辨率	单位
CO_2 浓度	全球:6°×4°,周分辨率,垂直分层 25	ppm
	亚洲:3°×2°,周分辨率,垂直分层 25	ppm
	中国:1°×1°,周分辨率,垂直分层 25	ppm
CO_2 通量	全球:1°×1°,周分辨率,近地表层	mol/(m²·s)

6.4.2　同化系统的验证

模型的准确性是极其重要的,不恰当的模型掩盖研究问题的真实规律,误导对问题的正确理解。为验证同化系统的准确性和精确性,本节通过模拟浓度与观测浓度的对比来分析系统的可用性。

1. 模拟(同化后)与观测浓度的对比

对比同化后的 10 317 个 CO_2 浓度模拟值与观测值,分析浓度/通量的模拟效果,图 6-9 显示了观测浓度与模拟浓度间的误差分布图(按月均显示)。整个同化期内的浓度误差及均方根误差为(-0.02 ± 1.83)ppm,相关系统 $R=0.88$($P<0.05$,图 6-10)。从图 6-9 可以看出,虽然浓度平均误差只有-0.02 ppm,但月平均分布却显示出更大的误差变化,特别是夏季(5 月、6 月、7 月、8 月)和冬季(10 月、11 月、12 月)尤为明显。这种模型模拟值在夏季和冬季表现出极大误差的现象,在前人的研究结果(Zhang et al.,2014a;Peters et al.,2010;2007)中也有出现,原因在于大气传输模型不能够完全捕捉到 CO_2 浓度在夏季的最低值及冬季的最高值。这种大气传输模型在最大及最小 CO_2 浓度模拟时存在不完全匹配(mis-match)的现象已成为当今大气反演法的一个重大缺陷(Zhang et al.,2014a;2014b;Yang et al.,2009)。总

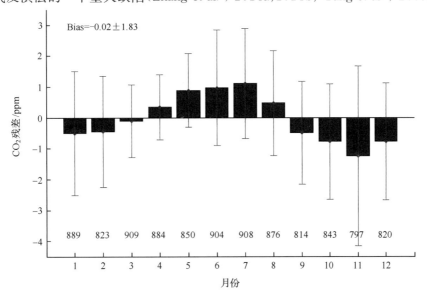

图 6-9　CO_2 浓度观测与模拟值间的误差分布图

体来说,浓度模拟值与观测值之间的误差(-0.02 ± 1.83) ppm 小于 2 个 ppm,满足碳同化模型的要求,说明卫星-地基 CO_2 联合同化系统能够比较合理模拟出现实中浓度/通量的时空分布。

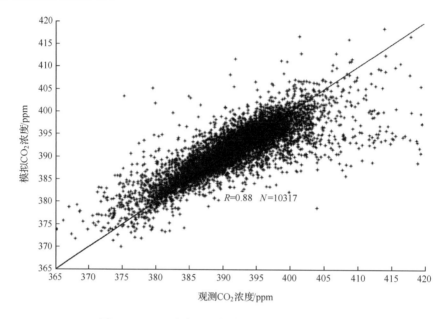

图 6-10　CO_2 浓度观测与模拟值间的相关性分析

2. 模拟(独立验证)与观测浓度的对比

为进一步研究模型计算结果,在同化后的浓度验证的基础上,利用站点及飞机观测数据对卫星-地基 CO_2 联合同化系统模型进行独立验证。这里的"独立验证"是指不同于图 6-9 及图 6-10,进行独立验证时观测数据均没有被卫星-地基 CO_2 联合同化系统模型同化过。由于图 6-9 及图 6-10 的观测数据被卫星-地基 CO_2 联合同化系统模型同化过,所以"1. 模拟(同化后)与观测浓度的对比"结果更多地反映 CO_2 联合同化系统对观测信息的吸收及同化程度。

对比分析 CO_2 浓度观测与模拟值在站点 WSA 间("独立验证")的结果(图 6-11)。图 6-11(a)显示模拟的 CO_2 浓度很好地捕捉到了观测值随时间系列的分布特征和季节性振幅变化特征。浓度误差及均方根误差为(-0.47 ± 1.87) ppm,相关系统 $R=0.93(P<0.05)$。与图 6-9 相似,站点 WSA 的浓度观测与模拟值在夏季 $[(-0.56\pm2.45)$ ppm$]$和冬季 $[(-0.59\pm1.70)$ ppm$]$表现出越大误差。总体来说,站点 WSA 的浓度模拟值与观测值之间的误差(-0.47 ± 1.87) ppm 小于 2 个 ppm,表明卫星-地基 CO_2 联合同化系统模拟的浓度/通量基本能够描述出现实世界的浓

度/通量时空分布特征。

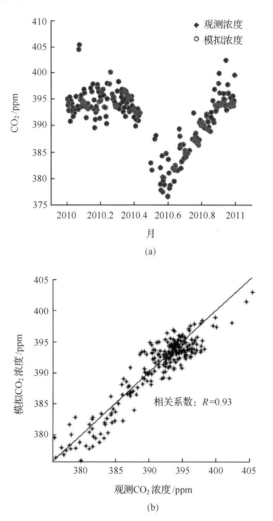

(a)

(b)

图 6-11　2010 年间 CO_2 浓度观测与模拟值在站点 WSA（WSA，united States；49.93°N，
60.02°W，30 m)对比、分析图　(a) CO_2 浓度观测和模拟值的对比图；(b) CO_2 浓度观测和
模拟值的相关性分析

进一步对大气中不同高度的 CO_2 浓度进行了独立验证(图 6-12)。验证结果表
明：485～525 hPa、375～425 hPa 及 225～275 hPa 3 层高度 CO_2 的模拟结果良好，
与观测浓度的相关系数分别为 $R=0.89(P<0.05)$、$R=0.86(P<0.05)$ 及 $R=0.84$
$(P<0.05)$；随着大气压的降低(与海拔相反,其气压的降低表明海拔在升高)CO_2
浓度的模拟精度在逐渐下降,其原因有两个:一是越靠近地表,CO_2 浓度观测控制点
越多,有效地提高了 CO_2 的模拟精度；二是大气传输模型的垂直扩散过程存在很多

不确定性,大大影响了 CO_2 的垂直模拟结果。

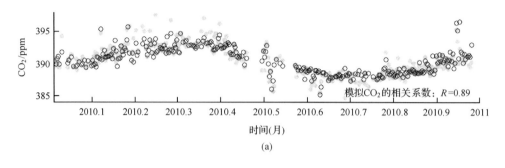

(a)

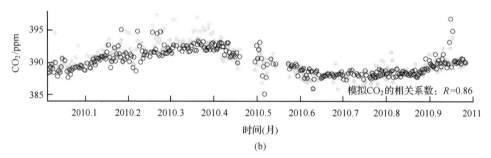

(b)

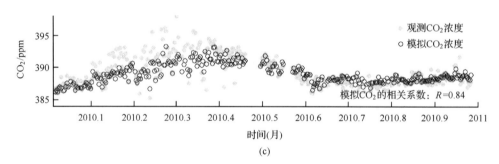

(c)

图 6-12　2010 年间 CONTRAIL 的 CO_2 浓度观测与模拟值间在三个高度:
(a) 485～525 hPa;(b) 375～425 hPa;(c) 225～275 hPa 的对比分析图

对模拟结果的独立验证表明,尽管 CO_2 的模拟还存在一系列问题,其模拟的精度受大气传输、扩散过程影响,垂直模拟数字化过程还有待进一步完善,但站点模拟(如图 6-11 中的 WSA 站点)和垂直分层对比(图 6-12 的 CONTRAIL 数据的垂直模拟)的模拟值与观测值十分接近,因而卫星-地基 CO_2 联合同化系统能够比较合理模拟出现实中浓度/通量的时空分布。

6.5　卫星观测同化的敏感性分析

为了提高中国陆地碳汇的估测精度,我们设计了一系统敏感性实验,以测试模型关键参数及先验输入数据对系统估测结果的影响。采用敏感性实验所模拟出的 5 套中国区陆地 CO_2 通量作为一个可选的不确定性范围,与同化系统估测出的高斯标准差一起来分析中国区陆地生态系统碳汇估测结果的不确定性。

6.5.1　模型敏感性实验设置

为了测试卫星-地基联合同化系统对某些参数或先验通量的敏感性,设置 5 个模型敏感性实验。分别对陆表先验通量、空间分辨率、滞后窗口及观测误差(model-data-mismatch,MDM)进行了敏感性测试。

实验 1：同时同化站点观测数据和 GOSAT 卫星观测数据,实现卫星-地基联合同化。模型的先验通量数据的来源、时空分辨率设置及输入输出等参数设置见表 6-5、表 6-6 及表 6-7。本实验也是本节的主实验,本节内的敏感性测试、结果分析、模型验证在实验 1 的结果上进行分析。

实验 2：参数设置方案与实验 1 相同,但在空间分辨率设置方案上有所不同,全球统一运行在 $6° \times 4°$,无嵌套区的设置。主要测试空间分辨率对卫星-地基联合同化系统的影响。

实验 3：参数设置方案与实验 1 相同,但对陆表碳通量的设置方案上有所不同,选用 SIBCASA 模型模拟的陆表通量作为同化系统的先验陆表通量。实验主要测试陆表先验碳通量对卫星-地基联合同化系统的影响。

实验 4：参数设置方案与实验 1 相同,但对滞后窗口的设置方案上有所不同,选用 3 周作为 CO_2 浓度与通量间的滞后窗口。主要用于测试滞后窗口对卫星-地基联合同化系统的影响。

实验 5：参数设置方案与实验 1 相同,但对观测误差 MDM 的设置方案上有所不同,现有的观测误差 MDM 扩大 1 倍,即本实验的观测误差为 $2 \times MDM$。本实验主要测试观测误差 MDM 对卫星-地基联合同化系统的影响。

对于测试结果的评定及模型的检验,通过以下几个统计结果来说明：

1) 误差表示观测值与模拟值之差,其误差 Err(mean error)计算公式如下：

$$\text{Err} = \frac{1}{n} \sum_{i=1}^{n} (y_i - x_i) \qquad (6\text{-}24)$$

式中，$y_i(i=1,\cdots,n)$ 为观测值；$x_i(i=1,\cdots,n)$ 为模型值。

2）均方根误差 RMS(root-mean-square)的公式如下：

$$\text{RMS} = \sqrt{\frac{1}{n} \sum_{i=1}^{n} (y_i - x_i)^2} \qquad (6\text{-}25)$$

3）标准差 σ（standard deviation）的公式如下：

$$\sigma = \sqrt{\frac{1}{n-1} \sum_{i=1}^{n} (x_i - \bar{x})^2} \qquad (6\text{-}26)$$

4）相关系统 r 分析：

$$r = \frac{\sum_{i=1}^{n} (x_i - \bar{x})(y_i - \bar{y})}{\sqrt{\sum_{i=1}^{n} (x_i - \bar{x})^2 \sum_{i=1}^{n} (y_i - \bar{y})^2}} \qquad (6\text{-}27)$$

其中，相关系统 r 的取值范围在（$-1,1$）之间，r 的绝对值越大，表示两个序列之中相关性越强。

5）利用 t 分布对两组变量间是否有差异进行显著性检验（significance test）：

$$|t| = \left| \frac{r}{\sqrt{1-r^2}} \sqrt{n-2} \right| \qquad (6\text{-}28)$$

6.5.2　模型敏感性分析

表 6-8 展示了实验 1～实验 5 的中国陆地碳源/汇在 2010 年的年平均碳收支情况。2010 年中国陆地碳收支的范围为 $-0.19 \sim -0.42$ Pg C/a，其中最大碳汇值出现在实验 2，最小碳汇值出现在实验 5，说明卫星-地基 CO_2 联合同化系统对空间分

表 6-8　敏感性实验（2010 年平均）

敏感性实验	后验 NEE/(Pg C/a)	描述
实验 1	-0.29	主实验
实验 2	-0.42	空间分辨率敏感性实验
实验 3	-0.24	陆表碳通量敏感性实验
实验 4	-0.21	滞后窗口敏感性实验
实验 5	-0.19	观测误差敏感性实验

辨率、观测误差 MDM 的参数设置十分敏感。而陆表碳通量及滞后窗口的参数设置的敏感性低于空间分辨率、观测误差。

1. 空间分辨率实验

敏感性实验分析结果说明卫星-地基联合同化系统对空间分辨率的参数设置十分敏感,空间分辨率的大小直接影响到陆地碳源/汇估测的大小和精度(表 6-8)。由于粗分辨率的空间设置令观测浓度与模拟浓度之间难以匹配,CO_2 观测数据无法控制整个像元格($6° \times 4°$)的碳源/汇变化,极大地增加了陆地碳源/汇的不确定性。然而,并不是空间分辨率越高碳源/汇估测精度就会越高。在没有足够多观测数据支持的情况下,其高空间分辨率的设置只会让估测结果更加不合理。例如,Zhang 等(2014a)在用大气反演模型估测中国的碳源/汇时发现由于中国区及周围范围内的观测数据有限,即使对中国设置了高分辨率的嵌套反演区,其反演的碳收支的精度并没有实质性的提高。对于观测数据充足的北美及欧洲来说,高分辨率嵌套反演区设置令其碳汇估测精度大大提高。

图 6-13 给出主实验与对比实验(实验 2,空间分辨率敏感性实验)的标准差分布图。从图中可以看出,由于分辨率的设置不同,中国陆表 CO_2 通量的标准差分布大大不同:粗分辨率的设置使中国陆表通量标准差大大增大(见图 6-13 中的实验 2 折线图),且这种增大表现出明显的季节性变化。在夏季 8 月,实验 2 的标准差最大、标准差的恶化率最高,这是由于强烈的植物光合作用使大气和陆表的 CO_2 变化迅速,大气反演模型不能完全准确地捕捉到这种植被生长季变化,而分辨率的设置不

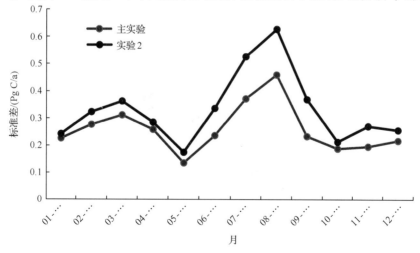

图 6-13　2010 年主实验与实验 2 的碳通量标准差对比图

合理加剧了这种误差恶化。

图 6-14 给定了主实验与实验 2 间 CO_2 浓度观测和模拟值的对比、分析图。从图 6-14(a)及(b)中可以看出,空间分辨率设置不同,使两个实验在站点 MNM 的浓度观测值与模拟值之间的相关系数也不同。主实验的浓度观测值与模拟值间的相关系数明显高于实验 2,这与图 6-14 给定的结果相一致。然而图 6-14(c)及(d)的直方图分析中,主实验的误差分析(0.61 ppm)却大于实验 2(0.15 ppm),这是由于在统计过程中,正负误差的相互加减令平均误差不能完全描述出观测与模拟间的差异情况;均方根误差比平均误差更加科学地描述出模拟值与观测值之间的偏差。在图 6-14(c)及(d)中,实验 2 的均方根误差 RMS(±0.81 ppm)大于主实验(±0.78 ppm),这也与图 6-14(a)及(b)的结果相一致:在实验 2 中,粗分辨率的设置使卫星-地基联合同化系统的模拟结果的不确定性增大。

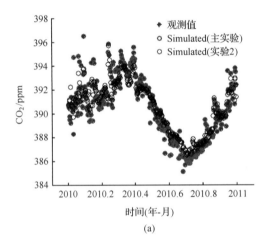

(a)

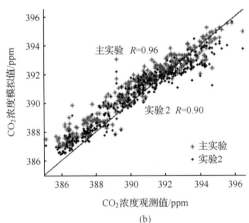

(b)

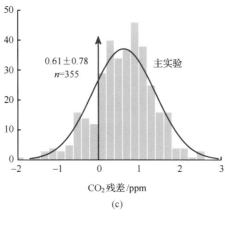

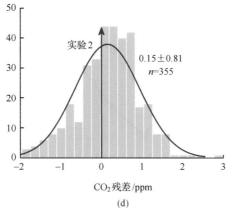

图 6-14　2010 年主实验与实验 2 在站点 Minamitorishima（MNM,Japan；24.29°N,
153.98°E,8 m）浓度对比分析图

（a）主实验与实验 2 的 CO_2 浓度观测值和模拟值的对比图；（b）主实验与实验 2 的 CO_2 浓度
观测值和模拟值的相关性分析；（c）主实验的误差 Err 直方图；（d）实验 2 的误差 Err 直方图

2. 陆表碳通量实验

先验陆表碳通量的设置对同化系统的影响不如空间分辨率敏感,但对同化结果
的影响仍然显著。在系统运行不充分的条件下,先验碳通量的结果影响后验能量的
同化。然而通常充分的系统运行所要求的计算资源难以满足。在这种现状下,提出
了最佳（优）系统运行设置,即在有限的计算资源下最大优化运行结果。"最佳（优）
系统运行设置"很大程度上改变了模型的结果、节省计算资源与计算时间,但同时也
导致运行不充分使先验碳通量的结果部分影响了后验的结果。实验 3 的运行结果
与前人（Zhang et al.,2014a；Peters et al.,2010）的结论相一致:同化系统虽然对陆

表碳通量设置不是十分敏感,但不同的陆表碳通量设置必将影响到同化系统的模拟精度。

　　图 6-15 给出了主实验与对比实验(实验 3,陆表碳通量敏感性实验)的标准差分布图。从图中可以看出,先验陆表碳通量的设置不同,导致中国陆表通量的标准差分布大大不同。陆表碳通量的设置使实验 3 中国陆表通量的标准差随着时间增加而增大(图 6-15 中的实验 3 折线图),在夏季 8 月到达峰值后开始回落。与实验 2 不同,实验 3 的标准差在 8 月优化于主实验。这可能与实验 3 所用的 SIBCASA 陆表通量有关,其 8 月相对较好质量的先验通量使之模拟出的 8 月碳通量结果优于主实验。

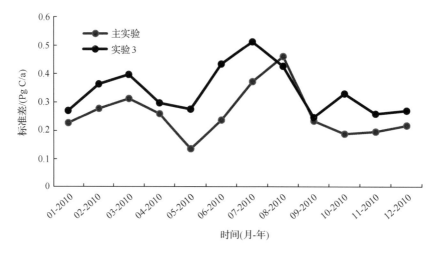

图 6-15　2010 年主实验与实验 3 的陆地碳通量标准差对比图

　　图 6-16 给定了主实验与实验 3 间 CO_2 浓度观测值和模拟值的对比、分析图。从图 6-16(a)及(b)中可以看出,陆表碳通量的设置不同并没有使两个实验在站点 CO_2 浓度观测值与模拟值比较表现出不同(相关系数均为 $R=0.96$)。图 6-16(c)及(d)的直方图分析,主实验的误差、均方根误差分析[(0.61±0.81)ppm]远优化实验 3[(0.95±0.83)ppm],这说明 SIBCASA 的先验陆表通量从整体来说其精度不如主实验的精度高,提高先验陆地碳通量的精度也能达到提高同化系统模拟结果精度的目的。

3. 滞后窗口实验

　　滞后窗口的设置(详见 3.3.1 滞后窗口)对于同化系统的影响不如空间分辨率、观测误差 MDM 敏感,但仍会对同化结果产生一定的影响。滞后窗口的长短反映的

是 CO_2 在大气中的传输与扩散关系，窗口设置是否合理直接影响到 CO_2 观测数据可同化、控制的碳通量的时间范围。Peters 等（2005）对滞后窗口设置的大小进行了详尽的测试实验，认为 5～8 周是同化系统窗口设置的合理范围。

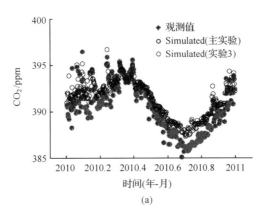

(a)

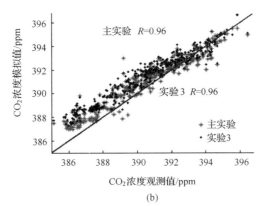

(b)

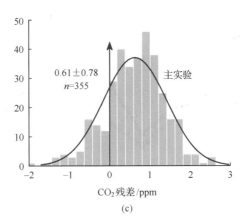

(c)

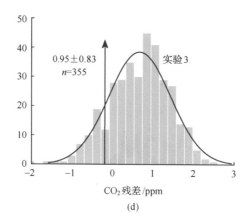

(d)

图 6-16　2010 年主实验与实验 3 在站点 Minamitorishima（MNM，Japan；24.29°N，
153.98°E，8 m)浓度对比分析图

（a）主实验与实验 3 的 CO_2 浓度观测值和模拟值的对比图；(b) 主实验与实验 3 的 CO_2 浓度观测值和模拟值
的相关性分析；(c) 主实验的误差 Err 直方图；(d) 实验 3 的误差 Err 直方图

　　图 6-17 给出了主实验与对比实验（实验 4，滞后窗口敏感性实验）的标准差分布图，从图中可以看出，由于滞后窗口的设置不同，导致中国陆表通量的标准差分布大大不同：短滞后窗口的设置使中国陆表通量的标准差大大增大（图 6-17 中的实验 4 折线图），且这种增大表现出明显的季节性变化。在夏季 8 月，实验 4 的标准差最大、标准差的恶化率最高，这是由于强烈的植物光合作用使大气和陆表的 CO_2 变化迅速，大气反演模型不能完全准确地捕捉到这种植被生长季变化，而短滞后窗口的设置使观测浓度不能有效地控制和优化碳通量，使碳通量标准差快速恶化。

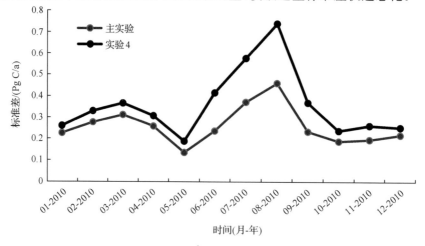

图 6-17　2010 年主实验与实验 4 的碳通量标准差对比图

　　图6-18给定了主实验与实验4间CO_2浓度观测值和模拟值的对比、分析图。从图6-18(a)及(b)中可以看出,滞后窗口设置不同,两个实验在站点MNM的浓度观测与模拟值之间的相关系数也不同。主实验的浓度观测与模拟值间的相关系数明显高于实验4,这与图6-18给定的结果相一致。然而图6-18(c)及(d)的直方图分析,主实验的误差分析(0.61ppm)却大于实验4(0.34ppm),这是由于在统计过程中,正负误差的相互加减令平均误差不能完全描述出观测与模拟间的差异情况;而均方根误差比平均误差更加科学地描述出模拟值与观测值之间的偏差。在图6-18(c)及(d)中,实验4的均方根误差RMS($\pm$0.8ppm)大于主实验($\pm$0.78ppm),这也与图6-17、图6-18(a)及(b)的结果相一致:在实验4中,较短的滞后窗口设置使卫星-地基联合同化系统的模拟结果的不确定性变大。

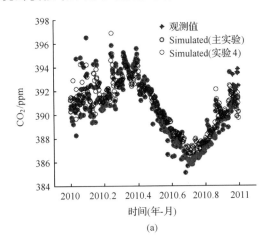

(a)

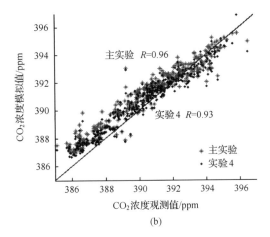

(b)

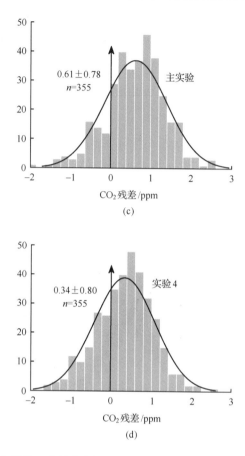

图 6-18　2010 年主实验与实验 4 在站点 Minamitorishima（MNM,Japan；24.29°N,153.98°E,8 m）
浓度对比分析图

（a）主实验与实验 4 的 CO_2 浓度观测值和模拟值的对比图；（b）主实验与实验 4 的 CO_2 浓度观测值和模拟值的相关性分析；（c）主实验的误差 Err 直方图；（d）实验 4 的误差 Err 直方图

4. 观测误差实验

观测误差 MDM 的放大或缩小直接影响到同化系统中可用的观测数据多少,进而影响到碳源/汇估测的精度。实验发现并不是进入到同化系统的观测数据越多,同化效果就越好。这是因为,在放大 MDM 的同时（意味着进入到同化系统的观测数据越多）,引入了部分质量差的观测数据,影响了同化效果。不同于本节实验,Peters 等（2007）实验结果表明：MDM 对于反演框架及估测结果的影响并不是十分的明显。这可能与我们两者的实验设置及其他初始参数有关,不同的参数及实验方案设置将会产生不同的实验结果。

　　图 6-19 给出了主实验与对比实验(实验 5,观测误差敏感性实验)的标准差分布图。从图中可以看出,由于观测误差的设置不同,中国陆表通量的标准差分布明显不同。双倍观测误差的设置($2 \times MDM$)使中国陆表通量的标准差显著增大(图 6-19 中的实验 5 折线图),且这种增大表现出明显的季节性变化。夏季 8 月,实验 5 的标准差最大、标准差的恶化率最高,这是由于强烈的植物光合作用使大气和陆表的 CO_2 变化迅速,大气反演模型不能完全准确地捕捉到这种植被生长季变化,而大的观测误差的设置使很多不合理的 CO_2 观测数据也进入到同化系统,破坏系统的平衡性,使模拟结果的误差增大。

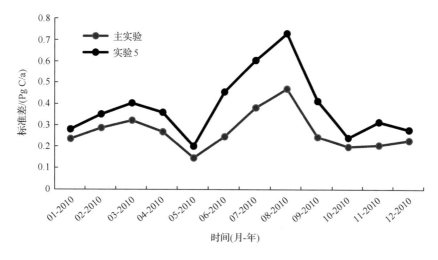

图 6-19　2010 年主实验与实验 5 的碳通量标准差对比图

　　图 6-20 给定了主实验与实验 5 间 CO_2 浓度观测值和模拟值的对比、分析图。从图 6-20(a)和(b)中可以看出,空间分辨率设置不同导致实验站点 MNM 的浓度观测值与模拟值之间的相关系数显著不同。主实验的浓度观测与模拟值间的相关系数略高于实验 5,这与图 6-19 给定的结果相一致。然而图 6-20(c)及(d)的直方图分析,主实验的误差分析(0.61 ppm)却大于实验 5(0.35 ppm),这是由于在统计过程中,正负误差的相互加减令平均误差不能完全描述出观测与模拟间的差异情况;而均方根误差比平均误差更加科学地描述出模拟值与观测值之间的偏差。在图 6-20 (c)及(d)中,实验 5 的 RMS(± 0.8 ppm)大于主实验(± 0.78 ppm),这也与图 6-19、图 6-20(a)及(b)的结果相一致:在实验 5 中,大的观测误差的设置使卫星-地基联合同化系统的模拟结果的不确定性变大。

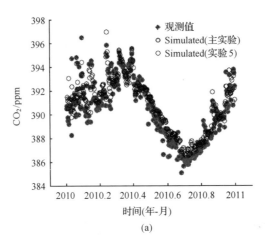

(a)

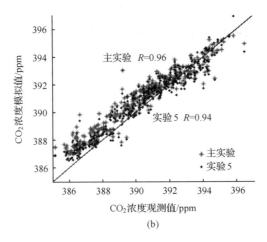

(b)

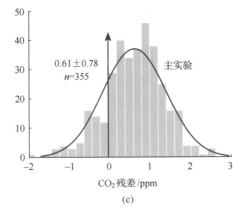

(c)

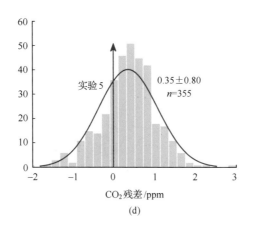

图 6-20　2010 年主实验与实验 5 在站点 Minamitorishima（MNM, Japan; 24.29°N,

153.98°E, 8 m）浓度对比分析图

（a）主实验与实验 5 的 CO_2 浓度观测值和模拟值的对比图；（b）主实验与实验 5 的 CO_2 浓度观测值和模拟值
的相关性分析；（c）主实验的误差 Err（mean error）直方图；（d）实验 5 的误差 Err（mean error）直方图

6.6　2010 年中国碳通量案例分析

6.6.1　年平均碳源/汇分布

在卫星-地基同化系统中，我国陆地碳汇的先验通量为（−0.08±0.47）Pg C/a，同化后的碳通量为（−0.29±0.27）Pg C/a。经过 CO_2 观测数据的同化和控制后，中国陆地碳汇变化明显，大部分地区的年平均陆地碳汇呈增加状态，特别是在中国的东北地区、东南沿海区、西南地区及华中地区，碳汇增长十分明显。同化后模型模拟的不确定性明显降低，中国区陆地碳通量标准差由先验的 ±0.47 Pg C/a 降低到后验的±0.27 Pg C/a，不确定性降低 42.6%。

从图 6-21（b）可以看出，中国陆地生态系统是一个大气碳汇，2010 年间吸收了（−0.29±0.27）Pg C/a。其中，（−0.29±0.27）Pg C/a 代表的是一个净陆地生态系统碳吸收量，它包含 0.02 Pg C/a 火烧碳释放量，但没有包含化石燃料燃烧数据（约 2.32 Pg C/a）。我们为中国陆地生态系统碳汇估测结果提供了两套不确定性范围：一个是同化系统自带的高斯不确定范围 G-uncertainties（Gaussian uncertainties，±0.27 Pg C/a）；另一个是敏感性测试（见实验 1-5 及表 5-1）所提供的不确定范围 A-uncertainties（Alternative uncertainties，−0.19～−0.42 Pg C/a）。A-uncertainties 不

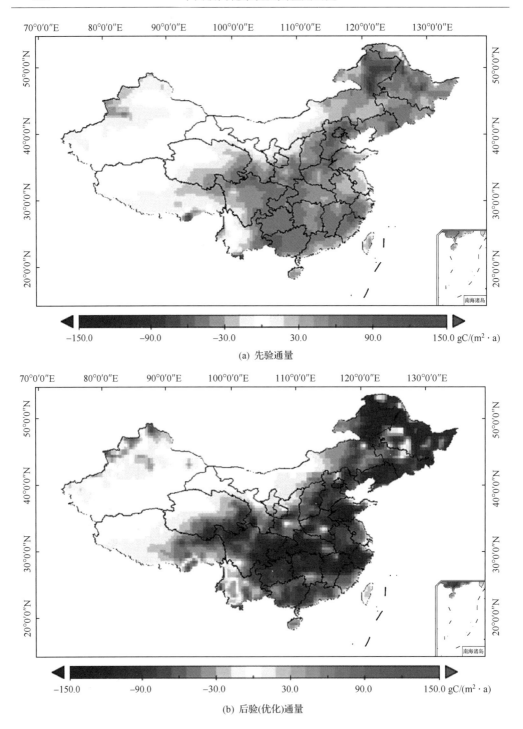

(a) 先验通量

(b) 后验(优化)通量

图 6-21　2010 年中国陆地 CO_2 通量的分布图

（a）先验陆表碳通量；（b）后验陆表碳通量。在图中蓝色代表碳汇，红色代表碳源。注意：图中的陆地 CO_2 碳通量包含了火烧数据，但没有包含化石燃料燃烧数据

确定范围的提出,弥补了 G-uncertainties 过度依靠背景方差矩阵、不能完全反映陆地生态系统碳汇的真实误差的缺陷(Zhang et al.,2014a;Peters et al.,2010;2007),使我们的生态碳汇估测更接近现实。此外,卫星-地基 CO_2 联合同化系统中的火烧及化石燃料燃烧先验碳通量数据可能也会影响陆地生态系统的 CO_2 碳通量估测结果(Francey et al.,2013)。然而,在现有的系统设计中,我们并没有考虑到这两种通量对我国陆地 CO_2 通量的影响,这可能会增加估测结果的不确定性。

中国绝大部分地区为碳汇区,其中东北地区为中国陆地最强碳吸收区。此外,华北、华中、东南和西南地区,也表现出了强烈的碳吸收,而中国的西北、青藏高原等地区的碳吸收量就相对较弱。

中国陆地碳汇的时空分布及分布强度与植被类型相关。陆地生态系统碳汇主要分布在森林、草地及农田生态系统中。正如图 5-13(b)及表 6-9 所示,我国森林生态系统吸收碳汇量为 -0.13 Pg C/a,占中国陆地碳汇总量的 44.63%。其中,-0.03 Pg C/a 由针叶林吸收,-0.03 Pg C/a 由阔叶林吸收,-0.05 Pg C/a 由混交林吸收,-0.02 Pg C/a 由其他林种吸收。本研究模拟的森林碳吸收量(-0.13 Pg C/a)与前人的研究结果十分相近,如 Pan 等(2011)利用生态过程模型结合野外考查及森林普查数据估测出中国森林生态系统在 2000~2007 年的碳吸收量为 -0.115±0.05 Pg C/a。

农田生态系统的 CO_2 吸收量为 -0.06 Pg C/a,占我国陆地碳汇总量的 20.60%。其中,绝大部分的农田碳汇分布在中国的华北、华中、东南地区。2010 年,我们估测的农田碳汇的单位面积碳吸收能力为 37 g C/(m^2 · a)。这种碳吸收能力与我国农地的作业方式及农产品栽培技术相关(Chen et al.,2013;Ju et al.,2013)。此外,我们认为卫星-地基联合同化系统可能高估了农田碳汇。这种由于农作物收割或农产品消耗所带来的农田碳汇的减少在"top-down"式的地基-卫星联合同化系统难以被捕捉到,类似的问题也出现在前人的碳同化研究里(Zhang et al.,2014a;Zhang et al.,2013;Peters et al.,2010;2007)。

草地/灌木林吸收的 CO_2 量为 -0.08 Pg C/a,占中国陆地碳汇总量的 27.23%。2010 年,我们估测的草地/灌木碳汇的单位面积碳吸收量为 30 g C/(m^2 · a),其中,最强的草地/灌木碳吸收量出现在内蒙古东部(Yu et al.,2013)。我国草地/灌木林面积广阔,占国土总面积的 30%~50%(Chen et al.,2013;Ni,2002;宋丽弘等,2014)。但由于农耕地的影响,草地/灌木林主要分布在一些少雨、贫瘠的干旱、半干旱地区或高山地区,受温度、降水的限制及人类放牧的影响,其单位面积生产力比较

表 6-9　中国陆地生态系统不同植被的碳汇统计表（2010 年平均）

植被	植被类型	陆地碳源/汇 /(Pg C/a)	合计(Flux Total) /(Pg C/a)	碳汇强度(Carbon sink strength) /[g C(m² · a)]
森林	针叶林	−0.03	−0.13	56
	阔叶林	−0.03		
	混交林	−0.05		
	林地 1	0.00		
	林地 2	−0.01		
	热带雨林	−0.01		
草地/灌木	草灌林	−0.08	−0.08	30
	灌木丛	0.00		
	灌林	0.00		
农田	农田	−0.06	−0.06	37
其他	苔原	−0.02	−0.02	2
	北方针叶林	0.00		
	北方雪地/海岸	0.00		
	森林冻原	0.00		
	红树林	0.00		
	湿地	0.00		
	沙漠	0.00		
	水体	0.00		
合计		−0.29	−0.29	29

低（宋丽弘等，2014；郑丽波，2014；修丽娜等，2014）。与其他研究对比，本研究估测的草地/灌木碳汇（−0.08 Pg C/a）十分接近 Piao 等（2009）1982～1999 年基于生态调查及遥感模型法估测的草地/灌木碳汇（−0.074 Pg C/a，其中，灌木生物量 −0.022 Pg C/a，草地生物量 −0.007 Pg C/a，灌木林土壤固碳量 −0.039 Pg C/a，草地土壤固碳量 −0.006 Pg C/a）。

除森林、草地/灌木及农田生态系统外，其他类型的陆地生态系统（如东北地区的半苔原 Semitundra）的 CO_2 吸收量为 −0.02 Pg C/a，占中国陆地碳汇的 6.91%，其单位面积碳吸收量为 $2\,\mathrm{g\,C/(m^2 \cdot a)}$。

6.6.2　季节变化

图 6-22 给出主实验 2010 年中国陆地先验及后验 CO_2 碳通量的季节变化分布。这里的 CO_2 通量不包含火烧和化石燃料碳排放源数据，这是由于火烧碳排放数据具有明显的年季和季节变化。为了更真实地反映出植物的光合和呼吸作用对陆地生态系统的影响，本节陆地碳源/汇数据剔除火烧碳排放数据。从图中可以看出，我国 CO_2 通量季节分布趋势基本为冬春季为 CO_2 高释放期，夏季为 CO_2 高吸收量。这种季节变化符合我国陆地生态系统的植物生长趋势，并与 Saeki 等(2013)的季节走势相一致。同样，我们发现同化的陆地 CO_2 通量季节变化与其先验碳源/汇分布十分不一致。在 3 月、11 月，先验数据表现出强烈的碳排放现象；而(主实验的)后验数据在 3 月和 11 月则表现一个较弱的碳排放情况；同样，在夏季 7 月，(主实验的)后验数据显示出更强烈的植物生长季碳吸收，形成 CO_2 的夏季 7 月、8 月成为最大碳吸收点，使整个陆地碳通量从弱汇$-0.10\,\mathrm{Pg\,C/a}$ 变成了明显的碳汇$-0.31\,\mathrm{Pg\,C/a}$。与此同时，同化后的中国陆地生态系统碳源/汇的不确定性(G-uncertainties)也表现

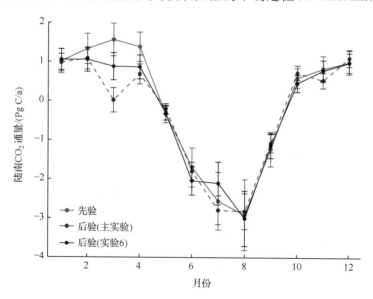

图 6-22　主实验和实验 5(见 6.5 节)的先验、后验标准差高斯不确定性的季节变化对比图

注：图中的陆地 CO_2 通量不包含火烧和化石燃料碳排放源数据，

这是由于火烧碳排放数据具有一个明显的年际和季节变化

出明显的降低。以上陆地碳汇及不确定性的变化说明 CO_2 浓度观测数据对我国陆地生态系统有明显的控制作用，提高了我国碳汇的估测精度。

6.6.3 卫星观测数据对中国陆地碳汇估算结果的影响

为测试卫星观测数据对中国陆表碳浓度/通量的影响，设置一个卫星观测数据对模型敏感性实验。

实验 6：参数设置方案与"6.5.1 模型敏感性实验设置"的实验 1 相同，但在观测数据设置方案上，只选择地面站点观测数据进入实验 6。实验主要测试卫星观测数据对陆表碳通量的敏感性，通过对比实验 1 来分析卫星观测对中国陆表碳通量的影响。

以上两个实验（主实验与实验 6），除了所用的观测数据不一样，其他设置（如先验通量、气象数据、时空分辨率及嵌套设置等）均一致。

图 6-23 给出了主实验与对比实验（实验 6，卫星观测敏感性实验）的标准差分布图。从图中可以看出，由于观测数据的设置不同，导致中国陆表通量的标准差分布显著不同：相对于实验 6，主实验的标准差大大降低，且这种误差的减少出现明显的季节性变化，最大误差减小出现在夏季 8 月份。这是由于额外观测数据 GOSAT 的加入，进一步提高了陆地碳汇的估测精度，而这种精度的提高在植被生长季的剧烈 CO_2 变化过程中被放大，使之表现为明显的不确定性降低。而图 6-23 中的实验 6 的 CO_2 通量及不确定性（G-uncertainties）时间序列图，用另一种形式说明了 GOSAT 数

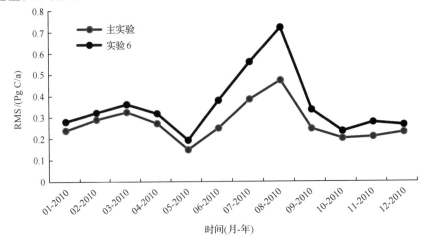

图 6-23 2010 年主实验与实验 2 的碳通量标准差对比图

据对中国陆表碳汇估测结果的影响。

图 6-24 给出了主实验与实验 6 间 CO_2 浓度观测值和模拟值的对比、分析图。从图 6-24(a)及(b)中可以看出,观测数据设置不同,两个实验在站点 MNM 的浓度观测值与模拟值之间的相关系数也不同。主实验的浓度观测值与模拟值间的相关系数明显高于实验 6,这与图 6-23 给定的结果相一致。由于在统计过程中正负误差的相互加减令平均误差不能完全描述出观测与模拟间的差异情况,图 6-24(c)及(d)的直方图分析,主实验的误差分析(0.61 ppm)均大于实验 6(0.24 ppm),均方根误差比平均误差更加科学地描述出模拟值与观测值之间的偏差,采用均方根误差分析实验结果,实验 6 的均方根误差 RMS($\pm$0.79 Pg C/a)大于主实验($\pm$0.78 Pg C/a),与图 6-23、图 6-24(a)及(b)的结果相一致。实验 6 表明,额外观测数据(GOSAT)提高了中国碳汇的估测精度。

对比主实验与实验 6 的 CO_2 通量结果来分析碳卫星观测数据 GOSAT 对中国陆地碳汇的影响(表 6-10)。表 6-10 分别列出了主实验和实验 6 的中国陆地碳汇先验、后验值、两者之差(= 主实验－实验 6)及它们的标准差(G-uncertainties)、标准差降低百分比[=(先验误差－后验误差)/先验误差$\times$100%]。主实验和实验 6 的中

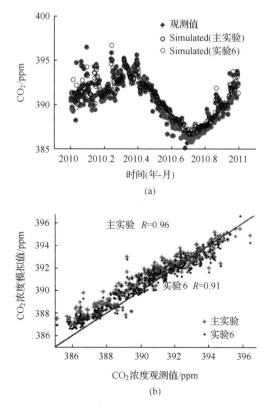

(a)

(b)

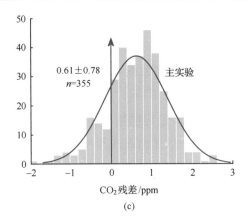

(c)

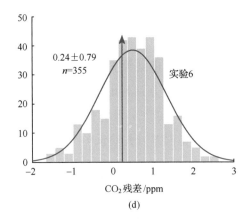

(d)

图 6-24　2010 年主实验与实验 6 在站点 Minamitorishima（MNM，Japan；24.29°N，
153.98°E，8 m)浓度对比分析图

（a）主实验与实验 6 的 CO_2 浓度观测值和模拟值的对比图；（b）主实验与实验 6 的 CO_2 浓度观测值和模拟值
的相关性分析；（c）主实验的误差 Err 直方图；（d）实验 6 的误差 Err 直方图

国（后验）陆地碳汇估测结果分别为 -0.29 Pg C/a 和 -0.21 Pg C/a，两者相关
0.08 Pg C/a，表明碳卫星观测数据 GOSAT 的加入提高了 2010 年中国陆地生态系
统碳汇强度。

表 6-10　碳卫星观测数据对中国陆地碳汇的影响（2010 年平均）

实验	CO_2 通量			不确定性（G-uncertainties）			描述
	先验值 /(Pg C/a)	后验值 /(Pg C/a)	差值 /(Pg C/a)	先验误差 /(Pg C/a)	后验误差 /(Pg C/a)	误差降 低比/%	
主实验	-0.08	-0.29	0.21	0.47	0.27	43%	主实验
实验 6	-0.08	-0.21	0.13	0.47	0.35	26%	卫星观测敏感性实验

图 6-25 显示了 2010 年中国陆地生态系统在主实验和实验 6 间碳汇分布差异图（＝主实验－实验 6）。从图中可以看出，碳卫星观测数据 GOSAT 的加入令主实验的陆地碳汇分布发生了明显改变（图中蓝色表示主实验陆地碳汇的增加，红色表示实验陆地碳汇的减少）。陆地碳汇的增加区为中国的华南、东南、内蒙古和西南的大部分地区，而东北、华北及华中地区则表现为明显的陆地碳汇的减少。西北及青藏高原区的碳汇增加相对不明显。与实验 6 相比，主实验的不确定性（G-uncertainties）也比实验 6 降低了 17%（表 6-10,17%＝43%－26%），这与前人的研究结果相一致：GOSAT 观测数据的加入将会进一步优化陆地碳汇的估测结果，提高模型模拟的精度（Saeki et al.，2013；Chevallier and O'Dell，2013；Belikov et al.，2013；Basu et al.，2013；Maksyutov et al.，2012；Hammerling et al.，2012；Takagi et al.，2011；Kadygrov et al.，2009；Chevallier et al.，2009）。因此，碳卫星观测数能够提高 CT-China 对中国陆地生态系统 CO_2 通量的估测精度和强度。然而，从前人的实验结果也得知，碳卫星观测本身也存在局限性，GOSAT 观测数据本身存在较大的不确定性。

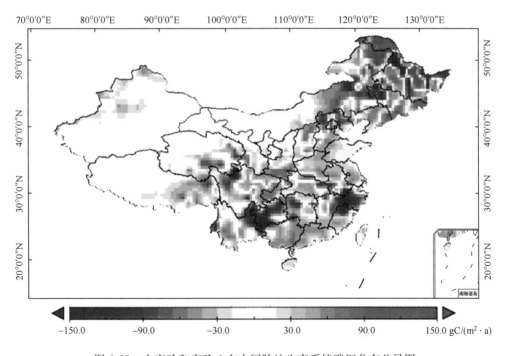

图 6-25　主实验和实验 6 在中国陆地生态系统碳汇分布差异图

6.6.4　其他结果的对比

表 6-11 列出了基于碳同化方法的中国陆地碳汇估测结果的对比表。从表中可以看出,本研究估测的 2010 年的陆地碳汇与 CT2011(-0.27 Pg C/a)、Jiang 等 (2013)[(-0.28 ± 0.18) Pg C/a,$2002\sim2008$ 年平均]结果十分相近,但略高于 Zhang 等(2014a)[(-0.22 ± 0.36) Pg C/a]、略低于 Piao 等(2009)[(-0.28 ± 0.18) Pg C/a,$2002\sim2008$ 年平均]的中国陆地生态系统碳通量估测值。

表 6-11　中国陆地碳汇估测结果的对比表

参考文献	研究区	陆表碳汇/(Pg C/a)	时间	描述
本研究(主实验)	中国	-0.29 ± 0.27	2010 年	研究区嵌套在中国
Zhang et al.,2014	中国	-0.22 ± 0.36	2010 年	研究区嵌套在中国
Jiang et al.,2013	中国	-0.28 ± 0.18	$2002\sim2008$ 年	研究区嵌套在中国
Piao et al.,2009	中国	-0.35 ± 0.33	$1996\sim2005$ 年	——
CT2011[a]	中国	-0.27	2010 年	研究区嵌套在北美

注:a. 北美 CT2011 结果引自 ftp://aftp.cmdl.noaa.gov/products/Carbontracker/co2/fluxes/monthly/。

6.7　小　　结

本章主要介绍了中国地基-卫星联合同化系统,对中国区的陆地碳源/汇估测结果进行分析验证。主要研究内容包括以下 6 个部分:

(1) 对卫星观测数据进行了同化,采用的同化方案如下:

$$y_t^b = H(x_t^b) = y_i^{priori} + h^T A[S(x_t^b) - f_t^{priori}] \tag{6-29}$$

式中,y_t^{priori} 是卫星资料反演的先验平均柱浓度;h 是气压加权函数,A 是卫星资料反演的平均核函数;$S(\cdot)$ 是空间插值算子,其将大气传输模型模拟得到的三维 CO_2 浓度场插值到 GOSAT 卫星观测的星下点,得到该点的 CO_2 垂直廓线;f_t^{priori} 为卫星资料反演的先验廓线。观测误差方差矩阵 R 包含了卫星探测仪器的探测误差和反演模型的模拟误差。由于同化效果与模式系统和观测资料的质量都密切相关,同化中只挑选了 ACOS V3.3 中标记为 Good,且与大气传输模型模拟所得的平均柱浓度相差小于 9 ppm 的反演资料,这部分资料的观测误差小于 3 ppm,为了简单考虑,假设观测误差是不相关的,即 R 是值为 9 的对角矩阵。

（2）介绍了中国卫星-地基联合同化系统运行时初始场输入输出数据的设定。

（3）对卫星-地基联合同化系统进行了验证。

分别采用地基和飞机 CONTRAIL 浓度观测数据两种验证方法对中国陆表碳通量结果进行验证。CO_2 浓度观测值与模拟值在站点 WSA 间（"独立验证"）的对比分析显示,模拟的 CO_2 浓度很好地捕捉到了观测值随时间系列变化的分布特征和季节性振幅变化特征。浓度误差及均方根误差为 (-0.47 ± 1.87) ppm,相关系统 $R = 0.93(P < 0.05)$。与图 6-11 一样,站点 WSA 的浓度观测值与模拟值在夏季 $[(-0.56 \pm 2.45)$ ppm$]$ 和冬季 (-0.59 ± 1.70) ppm 表现出较大误差。总体来说,站点 WSA 的浓度模拟值与观测值之间的误差 (-0.47 ± 1.87) ppm 小于 2 个 ppm,表明卫星-地基 CO_2 联合同化系统模拟的浓度/通量基本能够描述出现实世界的浓度/通量时空分布特征。对大气中不同高度的 CO_2 浓度进行了单独验证,结果表明,485～525 hPa、375～425 hPa 及 225～275 hPa 3 层 CO_2 的模拟结果良好,与观测浓度的相关系数分别为 $R = 0.89(P < 0.05)$、$R = 0.86(P < 0.05)$ 及 $R = 0.84(P < 0.05)$;随着大气压的降低(与海拔相反,其气压的降低表明海拔在升高)CO_2 浓度的模拟精度在逐渐下降,其原因有两个:一是越靠近地表,CO_2 浓度观测控制点越多,有效地提高了 CO_2 的模拟精度;二是大气传输模型的垂直扩散过程存在很多不确定性,严重影响了 CO_2 的垂直模拟结果。

尽管 CO_2 的模拟还存在一系列问题,其模拟的精度受大气传输、扩散过程影响,垂直模拟数字化过程还有待进一步完善,但不管是站点的模拟(如图 6-11 中的 WSA 站点)还是垂直分层对比(图 6-12 的 CONTRAIL 数据的垂直模拟),其模拟值与观测值十分接近,进一步说明卫星-地基联合同化系统能够比较合理模拟出现实中浓度/通量的时空分布。

（4）敏感性实验分析。

以全球$(6° \times 4°)$为背景,以中国区$(1° \times 1°)$为主要研究对象,设置了中国陆地碳汇的实验方案,以测试卫星-地基联合同化系统对陆表先验通量、空间分辨率、滞后窗口及观测误差的敏感性。实验估测的 2010 年中国陆地碳收支的范围为 $-0.19 \sim -0.42$ Pg C/a,其中最大值出现在实验 2(空间分辨率敏感性实验),最小值出现在实验 5(观测误差敏感性实验),说明卫星-地基联合同化系统对空间分辨率、观测误差 MDM 的参数设置十分敏感。陆表碳通量及滞后窗口的参数设置的敏感性低于空间分辨率、观测误差的设置。

（5）中国陆地碳源/汇分析。

对中国陆地碳源/汇分析表明,中国陆地生态系统是一个大气碳汇,2010 年间吸收了(-0.29 ± 0.27)Pg C/a。研究中采用两套不确定性范围:一是同化系统自带的高斯不确定范围 G-uncertainties (Gaussian uncertainties, ±0.27 Pg C/a);一是敏感性测试(实验1～6 及表 6-8)所提供的可选不确定范围 A-uncertainties (Alternative uncertainties, $-0.19\sim-0.42$ Pg C/a)。陆地生态系统碳汇主要分布在森林、草地及农田生态系统中。我国森林生态系统吸收碳汇量为-0.13 Pg C/a,占中国陆地碳汇总量的 44.63%。其中,-0.03 Pg C/a 由针叶林吸收,-0.03 Pg C/a 由阔叶林吸收,-0.05 Pg C/a 由混交林吸收,-0.02 Pg C/a 由其他林种吸收。中国农田生态系统的 CO_2 吸收量为-0.06 Pg C/a,占中国陆地碳汇总量的 20.60%。其中,绝大部分农田碳汇分布在中国的华北、华中、东南。2010 年,我们估测的农田碳汇的单位面积碳吸收能力为 37 g C/(m^2 · a)。这种碳吸收能力与我国农地的作业方式及农产品栽培技术相关。我们认为卫星-地基联合同化系统可能高估了农田碳汇量,这是由于卫星-地基联合同化方法是一个"从上到下"的碳估测方法,从大气的角度来跟踪和检测 CO_2 的变化,它能够很准确地检测到植物生长季所带来的强烈的大气 CO_2 波动,但无法捕捉到农作物收割及农产品消耗这种由于人类活动所引起的"CO_2 侧向传输过程"。草地/灌木林吸收的 CO_2 量为-0.08 Pg C/a,占中国陆地碳汇总量的 27.23%。2010 年,我们估测的草地/灌木碳汇的单位面积碳吸收量为 30 g C/(m^2 · a),其中,最强的草地/灌木碳吸收量出现在内蒙古东部。除森林、草地/灌木及农田生态系统外,其他类型的陆地生态系统(如东北地区的苔原 Semitundra)的 CO_2 吸收量为-0.02 Pg C/a,占中国陆地碳汇总量的 6.91%,其单位面积碳吸收量为 2 g C/(m^2 · a)。

（6）卫星观测对中国陆地碳汇估算的影响。

卫星观测数据 GOSAT 的加入使我国的陆地碳汇分布发生了明显改变,碳汇总量表现出明显的增加(增加率为 38.10%),陆地碳汇增加主要发在中国的华南、东南、内蒙古和西南的大部分地区,而东北、华北及华中地区则表现为明显的陆地碳汇减少。西北及青藏高原区的碳汇变化相对不明显。GOSAT 观测数据的加入明显地优化了中国陆地碳汇的估测结果,提高了模型模拟的精度。

主要参考文献

龚建东，李维京. 1999. 集合预报最优初值形成的四维变分同化方法. 科学通报，44，1113～1116

何茜，余涛，程天海，等. 2012. 大气二氧化碳遥感反演精度检验及时空特征分析. 地球信息科学学报，14(2)，250-257

李红林，张春华，王伟华. 2011. 新一代温室气体观测卫星 GOSAT、OCO 传感器设置. 气象科技，39：603-607

刘毅，吕达仁，陈洪滨，等. 2011. 卫星遥感大气 CO_2 的技术与方法进展综述. 遥感技术与应用，26(2)，247-254

孟宪军. 2014. 我国林业发展新趋势下的碳汇林业. 赤子. 1：258

茹菲，雷莉萍，侯姗姗，等. 2013. GOSAT 卫星温室气体浓度反演误差的分析与评价. 遥感信息，1：65-70

宋丽弘，郭立光，杨青龙. 2014. 研究草原碳汇经济的意义. 理论与现代化. 1：60-65

王跃山. 1999. 数据同化——它的缘起，含义和主要方法. 海洋预报，16，11-20

肖海涛，王强，乔磊，等. 2014. 浅谈中国林业碳汇的现状与发展趋势. 内蒙古林业调查设计，37：139-140

张爱忠，齐琳琳，纪飞，等. 2006. 资料同化方法研究进展. 气象科技，33：385-389

赵静，崔伟宏. 2014. 中国区域近地面 CO_2 时空分布特征研究. 地球信息科学学报，16，207-213

郑丽波. 2014. 浅论我国森林碳汇现状及进展，内蒙古林业调查设计，37：26-28

Allen J，Eknes M，Evensen G. 2003. An Ensemble Kalman Filter with a complex marine ecosystem model：hindcasting phytoplankton in the Cretan Sea. Annales Geophysicae，21，399-412

Aumann H H，Pagano R. J. 1994. Atmospheric infrared sounder on the Earth observing system. Optical Engineering，33，776-784

Aumann H H，Chahine M T，Gautier C，et al. 2003. AIRS/AMSU/HSB on the Aqua Mission：Design，Science Objectives，Data Products，and Processing System. IEEE Transactions on Geoscience and Remote Sensing，(412)：253-246

Basu S，Guerlet S，Butz A，et al. 2013. Global CO_2 fluxes estimated from GOSAT retrievals of total column CO_2. Atmospheric Chemistry and Physics，13(17)，8695-8717，doi：10.5194/acp-13-8695-2013

Basu S，Krol M，Butz A，et al. 2014. The seasonal variation of the CO_2 flux over Tropical Asia estimated from GOSAT，CONTRAIL，and IASI. Geophysical Research Letters，41(5)，1809-1815，doi：10.1002/2013gl059105

Blumstein D，Chalon G，Carlier T，et al. 2004. IASI instrument：Technical overview and measured performances. Infrared Spaceborne Remote Sensing Ⅶ：196-207

Bovensmann H，Buchwitz M，Burrows J，et al. 2010. A remote sensing technique for global monitoring of power plant CO_2 emissions from space and related applications. Atmospheric Measurement Techniques，3(4)，781-811

Burgers G，van Leeuwen P J，Evensen G，et al. 1998. Analysis scheme in the ensemble Kalman filter. Mon Weather Rev，126：1719-1724

Butz A，Guerlet S，Hasekamp O，et al. 2011. Toward accurate CO_2 and CH_4 observations from GOSAT. Geophysical Research Letters，38，L14812

Chahine M T，Pagano T S，Aumann H H，et al. 2006. AIRS：Improving weather forecasting and providing new data on greenhouse gases. B Am Meteorol Soc, 87

Chen Z, Yu G, Ge J, et al. 2013. Temperature and precipitation control of the spatial variation of terrestrial ecosystem carbon exchange in the Asian region. Agricultural and Forest Meteorology, 182-183, 266-276

Chevallier F, O'Dell C W. 2013. Error statistics of Bayesian CO_2 flux inversion schemes as seen from GOSAT. Geophysical Research Letters, 40, 1252-1256

Chevallier F, Maksyutov S, Bousquet P, et al. 2009. On the accuracy of the CO_2 surface fluxes to be estimated from the GOSAT observations. Geophysical Research Letters, 36, L19807

Cogan A J. 2013. Atmospheric carbon dioxide retrieved from the greenhouse gases observing satellite; method, comparisons and algorithm development

Cogan A, Boesch H, Parker R, et al. 2012. Atmospheric carbon dioxide retrieved from the Greenhouse gases Observing SATellite GOSAT): Comparison with ground-based TCCON observations and GEOS-Chem model calculations. Journal of Geophysical Research: Atmospheres (1984-2012): 117

Connor B J, Boesch H, Toon G, et al. 2008. Orbiting Carbon Observatory: Inverse method and prospective error analysis. Journal of Geophysical Research: Atmospheres (1984-2012): 113

Crevoisier C, Chédin A, Matsueda H, et al. 2009. First year of upper tropospheric integrated content of CO_2 from IASI hyperspectral infrared observations. Atmospheric Chemistry and Physics, 9, 4797-4810

Crisp D, Atlas R, Breon F-M, et al. 2004. The orbiting carbon observatory OCO mission, Adv Space Res, 344: 700-709

Crisp D, Fisher B, O'Dell C, et al. 2012. The ACOS CO_2 retrieval algorithm-Part II: Global XCO_2 data characterization. Atmospheris Measurement Techniques,5(4),687-707

Evensen G. 2003. The Ensemble Kalman Filter: theoretical formulation and practical implementation. Ocean Dynam, 53: 343-367

Fairbairn D, Pring S, Lorenc A, et al. 2014. A comparison of 4DVar with ensemble data assimilation methods. Quarterly Journal of the Royal Meteorological Society, 140, 281-294

Fang J, Guo Z, Piao S, et al. 2007. Terrestrial vegetation carbon sinks in China, 1981-2000. Science in China Series D: Earth Sciences, 50, 1341-1350

Francey R J, Trudinger C M, van der Schoot M, et al. 2013. Atmospheric verification of anthropogenic CO_2 emission trends. Nature Climate Change, 3, 520-524

George M, Clerbaux C, Hurtmans D, et al. 2009. Carbon monoxide distributions from the IASI/METOP mission: evaluation with other space-borne remote sensors. Atmospheric Chemistry & Physics, 9

Guo H, Fu W, Li X, et al. 2014. Research on global change scientific satellites. Science China Earth Sciences, 57 (2), 204-215.

Guo M, Wang X, Li J, et al. 2012. Assessment of Global Carbon Dioxide Concentration Using MODIS and GOSAT Data. Sensors-Basel, 12(12), 16368-16389.

Hand E. Carbon mapping satellite will monitor plants' faint glow. Science 13 June 2014: Vol. 344 no. 6189 pp. 1211-1212

Houtekamer P L, Mitchell H. L. 1998. Data assimilation using an ensemble Kalman filter technique. Monthly

Weather Review，126(3)：796-811

Jiang F，Wang H W，Chen J M，et al．2013．Nested atmospheric inversion for the terrestrial carbon sources and sinks in China．Biogeosciences，10：5311-5324

Kalnay E．2003．Atmospheric modeling，data assimilation，and predictability．Cambridge：Cambridge university press

Liu Y，Yang D，Cai Z．2013．A retrieval algorithm for TanSat XCO_2 observation：Retrieval experiments using GOS-AT data．Chinese Sci Bull，5813：1520-1523

Maksyutov S，Takagi H，Valsala V，et al．2012．Regional CO_2 flux estimates for 2009-2010 based on GOSAT and ground-based CO_2 observations．Atmospheric Chemistry and Physics Discussions，12：29235-29288

Ni J．2002．Carbon storage in grasslands of China．Journal of Arid Environments，50：205-218

O'Dell C W，Connor B，Bösch H，et al．2012．The ACOS CO_2 retrieval algorithm-Part 1：Description and validation against synthetic observations．Atmospheric Measurement Techniques，5，99-121

Pan Y，Birdsey R A，Fang J，et al．2011．A Large and Persistent Carbon Sink in the World's Forests．Science，333：988-993

Parker R，Boesch H，Cogan A，et al．2011．Methane observations from the Greenhouse Gases Observing SATellite：Comparison to ground-based TCCON data and model calculations．Geophysical Research Letters，38，L15807

Peters W，Jacobson A R，Sweeney C，et al．2007．An atmospheric perspective on North American carbon dioxide exchange：CT-China，CAS．Proceedings of the National Academy of Sciences，104：18925-18930

Peters W，Krol M，Van der Werf G，et al．2010．Seven years of recent European net terrestrial carbon dioxide exchange constrained by atmospheric observations．Global Change Biology，16，1317-1337

Piao S，Fang J，Ciais P，et al．2009．The carbon balance of terrestrial ecosystems in China．Nature，458：1009-1013

Qu Y，Zhang C，Wang D，et al．2013．Comparison of atmospheric CO_2 observed by GOSAT and two ground stations in China．International Journal of Remote Sensing，34，3938-3946

Rajab J M，MatJafri M Z，Lim H S，et al．2009．Satellite Mapping of CO_2 Emission from Forest Fires in Indonesia Using AIRS Measurements．Modern Applied Science：68-71

Reuter M，Bovensmann H，Buchwitz M，et al．2011．Retrieval of atmospheric CO_2 with enhanced accuracy and precision from SCIAMACHY：Validation with FTS measurements and comparison with model results．Journal of Geophysical Research：Atmospheres，116(D4)，D04301，doi：10.1029/2010jd015047

Rodgers C D，Connor B J．2003．Intercomparison of remote sounding instruments．Journal of Geophysical Research，108：4116

Saeki T，Maksyutov S，Saito M，et al．2013．Inverse modeling of CO_2 fluxes using GOSAT data and multi-year ground-based observations．Scientific Online Letters on the Atmosphere SOLA，45-50

Strow L L，Hannon S E，Weiler M，et al．2003．Prelaunch spectral calibration of the Atmospheric Infrared Sounder AIRS．Geoscience and Remote Sensing，IEEE Transactions on，41：274-286

Takagi H，Houweling S，Andres R J，et al．2014．Influence of differences in current GOSAT XCO_2 retrievals on surface flux estimation．Geophysical Research Letters

Takagi H, Saeki T, Oda T, et al. 2011. On the benefit of GOSAT observations to the estimation of regional CO_2 fluxes. Sola, 7, 161-164

Tian H, Melillo J, Lu C, et al. 2011. China's terrestrial carbon balance: Contributions from multiple global change factors. Global Biogeochemical Cycles, 25

Tian X, Xie Z, Liu Y, et al. 2013. A joint data assimilation system Tan-Tracker to simultaneously estimate surface CO_2 fluxes and 3-D atmospheric CO_2 concentrations from observations. Atmospheric Chemistry and Physics Discussions, 13: 24755-24784

Wunch D, Wennberg P, Toon G, et al. 2011. A method for evaluating bias in global measurements of CO_2 total columns from space. Atmospheric Chemistry and Physics, 11: 12317-12337

Yang Y H, Moiwo J P, Li H L, et al. 2009. Comparison of GRACE with in situ hydrological measurement data shows storage depletion in Hai River basin, Northern China. Water Sa, 35: 663-670

Yu G R, Zhu X J, Fu Y L, et al. 2013. Spatial patterns and climate drivers of carbon fluxes in terrestrial ecosystems of China. Global Change Biology, 19: 798-810

Zhang H F, Chen B Z, van der Laan-Luijkx I T, et al. 2014a. Net terrestrial CO_2 exchange over China during 2001-2010 estimated with an ensemble data assimilation system for atmospheric CO_2. Journal of Geophysical Research: Atmospheres, 119(6):3500-3515

Zhang H F, Chen B Z, van der Laan-Luijkx I T, et al. 2014b. Estimating Asian terrestrial carbon fluxes from CONTRAIL aircraft and surface CO_2 observations for the period 2006-2010. Atmospheric Chemistry and Physics, (11):5807-5824

第 7 章 展 望

7.1 存 在 问 题

尽管全球碳同化研究已经取得了显著的研究成果与研究进展,但仍然存在着不少问题,包括简化的预报算子、大气传输模型的精度、同化算法的设计等。这些问题都制约着同化系统的反演精度和准确度,这是当前同化系统发展的瓶颈,有待研究者继续努力解决。解决好这些问题,才能进一步提升同化系统的适用性与普适性,从而在衡量未来人类温室气体的排放量中发挥更大的价值。

7.1.1 预报算子

在大多数碳同化系统中,预报算子仍然为单位矩阵,也就是说大多数研究都没有考虑到系统状态随时间变化的变化。而在同化系统的分析过程中,系统先验状态来自于预报算子。预报算子的准确程度决定了分析过程中先验状态的准确程度,进而影响后验分析的精度。因此,为了提升同化系统同化反演的准确性,需要用真实的机理模型来替换原有的作为预报算子的单位矩阵。

在普通的大气同化系统中,状态变量为大气状态。因此,预报算子通常为大气模型,能够通过前一个时刻的大气状态计算得到下一个时刻的大气状态。而在全球碳同化系统中,系统状态不再是大气状态,而是地表通量。因此,预报算子应当能够根据前一个时刻的地表碳通量,模拟出下一个时刻的地表碳通量。能够实现这一功能的通常只能是陆面过程模型。而常见的陆表过程模型大多是通过地表植被状态与地表气象条件计算生态系统碳通量的,少有模型能够以通量为输入量来实现通量本身的时间演进。

因此为了实现预报算子的改进,可能需要首先开展生态系统碳通量时间序列变化研究,定量分析地表碳通量随着时间变化的影响因素,从而实现与地表碳通量同化反演系统的实时在线耦合,进而提高同化系统状态分析精度,降低系统误差。

7.1.2　大气传输模型的改进

大气传输模型,作为碳同化系统的采样算子,是全球碳同化系统的重要组成部分,它制约着系统的空间分辨率、运行效率和采样精度。在全球碳同化系统中,通过先验通量驱动大气传输模型,模拟与观测浓度时空尺度相一致的大气 CO_2 浓度,并与实际观测浓度进行对比。在假设大气传输模型能够真实反映大气 CO_2 传输的前提条件下,进而优化先验通量,得到后验的优化通量。换句话说,同化分析得以实施的前提假设,是大气传输模型能够模拟真实大气传输过程,即模型误差可以忽略不计,因为这部分的误差最终都会归结为先验通量的不准确,从而通过调整先验通量来使模拟浓度逼近真实浓度。如果大气传输模型存在着很大误差,那么这部分误差将会出现在后验的通量中,使系统得到的后验通量带有很大误差。可见大气传输模型在同化系统中十分重要。进一步研究大气传输模型,提高大气传输模型精度显得很有必要。

此外,大气传输模型还制约着模型的运行效率和空间精度。在全球碳同化系统中,由于模型的非线性特征,无法直接估计模型的协方差矩阵,大多数系统采用蒙特卡洛的思想,通过大量采样来估计系统的协方差矩阵。而大气传输模型作为采样算子的组成部分,会在采样过程中反复运行。如此反复运行计算量极大的大气传输模型,会给同化系统带来巨大的计算资源消耗,导致模型运行速度降低。为了在有限时间内得到可以接受的模拟结果,大多数碳同化系统选择了折中的方案,即通过降低采样数和模型空间分辨率来提高模型运行速度。但是,降低模型空间分辨率会导致模拟结果精度的降低,降低采样数则会导致协方差估计的不准确。二者都会影响同化反演结果的准确度。但在计算资源有限的情况下,这是不得不作出的放弃。在未来计算资源不变的情况下,改进大气模型传输的并行化运行算法,采用效率更优的计算方式优化大气传输模型中的数学计算,提高大气传输模型运行速度,是提高碳同化系统精度的重要途径。

7.1.3　同化算法的改进

现有的碳同化系统中,仍存在着许多参数和算法需要改进,包括碳同化滞后窗口、同化步长、同化方法、集合方法等。一般而言,每种碳同化算法都需要在计算效率和计算精度之间权衡取舍,如果计算精度更高则会导致更低的计算效率。例如,越长的滞后窗口,就能够利用更长时间内的观测信息来同化系统状态,但这也需要将大气传输模型运行更长时间;碳同化步长越短,就能得到更高的后验状态的时间分辨率,但也会极大地增加碳同化系统的运行时间。不论使用什么同化算法,都会遇到这样的问题。但不同的碳同化方法和在不同的碳同化框架下,相同的运行时间可能仍然有不同的优化精度,增加单位运行时间对精度的提升也各不相同。因而,要回答的更重要的问题就是,在哪个同化框架下,能在有限的运行时间内取得最大的同化精度? 这也是未来同化算法努力的目标。

7.2 未来发展方向

7.2.1 大气传输模型的伴随模型的开发

事实上,大多数碳同化系统的运行效率低主要是因为使用了蒙特卡洛方法进行了大量采样。这是由于模型的非线性导致模型误差难以估计,转而采用多次取样的方法间接估计模型的误差。换句话说,如果能够直接给出模型的误差估计,就能避免多次重复运行模型,从而成百倍地提升同化效率。而最常见的给出模型误差的方法,就是利用模型的伴随模型。伴随模型的开发相比大气传输模型本身而言更加复杂,在目前主流的大气传输模型中,GEOS-chem 模型开发团队维护了相应的 GEOS-chem-adjoint 模型。

7.2.2 碳卫星数据联合同化

现有的全球碳同化系统的另外一个限制因子就是观测数据的稀缺。在全球范围内,连续精确的大气 CO_2 浓度观测站点仅 200 个左右,远不足以实现全球高精度地表碳通量反演。而碳卫星数据的出现改变了这一现状。以 OCO 和 GOSAT 为代表的碳卫星数据,带来了高时空连续性的大气 CO_2 观测数据,这些数据将有利于获得更高时空精度的地表通量计量值。但是,卫星观测浓度精度远低于地表观测站点。因此,使用卫星数据时,也需要使卫星观测数据和地表观测数据的精度在可控范围内。同时,卫星数据与地表数据的空间代表性完全不一致,目前还没有任何一个全球碳同化系统能同时处理两种不同形式(不同空间尺度)的观测数据,这也是未来的研究发展方向。

7.2.3　区域同化

　　随着国际气候谈判的深入,碳交易市场逐渐形成。公众更加关注的将会是区域尺度的碳排放量,而当前的全球碳同化系统还远不能达到这一空间分辨率和空间尺度的要求。同时,大气传输模型的精度以及同化算法的运行效率,也制约着区域同化系统研发的进展。因此,在解决了区域大气传输模型精度以及运行效率的前提下,区域尺度的碳同化系统研究也将成为未来的一大研究方向。

7.2.4　多种温室气体联合同化

　　CO_2 之所以能够引起学术界关注,主要因为其显著的温室效应。但是当今地球上主要的温室气体除了 CO_2 外,还有甲烷、臭氧等。对这些气体的研究同样不可忽视,但相关的研究开展得还远远不够。主要是因为全球温室气体浓度观测还远远不足,另外大气研究领域相关的温室气体传输模型尚在研发中。地表生态系统研究中对 CO_2 以外的温室气体也关注较少。这些都是开展 CO_2 以外的温室气体地表通量反演研究所面临的重要瓶颈。当然这些问题正在逐渐解决,对所有温室气体通量的同化反演,也将成为未来发展的重要方向。

7.3　小　　结

　　总而言之,当前地表碳通量同化反演系统的机遇与挑战并存。在同化系统发展方面,生态系统与大气传输模型的耦合、大气传输模型的精度与效率的优化、同化算法框架的速度优化都是地表碳通量同化反演系统中亟待解决的问题。未来地表碳通量同化反演系统将会在伴随模型反演、卫星地基数据联合同化、区域同化、多气体同时同化等方向上发展。这一研究领域的未来有着无限的可能,有待各领域科学家们共同探索与努力!

索 引